AF393695

François Francis BUS

À L'ÉPOQUE OÙ LES PUCES FONT LEURS LOIS

Histoire des composants semiconducteurs vécue de chez Texas Instruments

Avant-propos

Je développe dans ce livre l'histoire des puces et des principales familles de produits qu'elles ont permis de créer ainsi que des acteurs qui ont participé à cette épopée. Ceci conduit à raconter l'histoire de Texas Instruments qui est à l'origine de l'invention des puces et qui a longtemps été le numéro un mondial du secteur.

Lorsque cela le justifie je raconte l'histoire de Texas Instruments France où je travaillais à la même époque en me positionnant seulement pour que le lecteur sache d'où viennent les informations me permettant de raconter les anecdotes inédites d'ampleur internationale souvent surprenantes ou savoureuses que j'ai pu recueillir.

L'auteur

La société Texas Instruments Incorporated est dans la profession familièrement appelée par ses initiales « T » « I », écrit TI. Dans le texte, la désignation complète ou les simples initiales sont utilisées indifféremment. Par ailleurs comme en électronique, de nombreux acronymes sont utilisés, la première fois qu'une abréviation ou un acronyme l'est, il est suivi de sa définition littérale et de sa traduction en français. Néanmoins à la fin du livre il y a une table des acronymes, abréviations et sigles.

Dans la vie courante de Texas Instruments France de nombreux mots anglais étaient utilisés par les membres du personnel, d'où l'utilisation dans le livre des mots anglais usuellement utilisés pour que les lecteurs se retrouvent dans l'ambiance qu'ils soient anciens de TI ou pas avec néanmoins lors de la première utilisation la signification en français.

Les phrases en italique dans le texte principal sont des citations.

1–La découverte du transistor

En 1947, les Laboratoires Bell annoncent la découverte du transistor. Peu de temps après, Erik Jonsson vice-président de Texas Instruments Incorporated société de Dallas, Bob Olsen ingénieur en chef et Patrick Haggerty directeur du nouveau laboratoire de recherche, harcèlent Western Electric maison mère des Laboratoires Bell pour obtenir une licence, mais sans succès. A force d'insister, ils obtiennent comme réponse « *que ce n'était pas une affaire pour Texas Instruments et que les responsables de Western Electric pensaient que Texas Instruments ne serait pas capable de mettre en œuvre ce produit* ». Pressentiment grandement erroné car Texas Instruments deviendra rapidement le numéro un mondial de ce secteur. La raison de cette réponse était peut-être parce que T I nom familier de Texas Instruments ne faisait pas alors partie des fabricants de composants électroniques de l'époque, les tubes à vide ou les diodes à contact comme General Electric, Raytheon, RCA, CBS, Sylvania….. De toute évidence, Western Electric n'avait pas l'intention de donner de licence, dans tous les cas, pas à Texas Instruments.

Suite à une action anti-trust, menée probablement par une ou plusieurs des grandes entreprises d'électronique américaines de l'époque, la justice impose l'accès à cette découverte. Le ministère de la défense, alors que le pays est en pleine guerre de Corée et que les militaires considèrent cette découverte comme stratégique, donne son approbation, pour que « *les Laboratoires Bell accordent des licences sur le transistor à quiconque appartient à un pays membre de l'OTAN* ».

Les transistors, sont des composants électroniques très connus qui peuvent jouer des rôles divers dans les appareils électroniques en remplaçant entre autre les lampes à vide utilisées précédemment. Un transistor possède trois broches, il y en a deux entre lesquelles circule un courant électrique et une troisième qui commande le courant. Le courant qui traverse les deux premières broches peut être modifié selon ce que l'on met comme courant sur la troisième. D'où le nom de semi-conducteur car le composant n'est conducteur que dans certaines conditions.

Pat Haggerty le directeur du laboratoire de recherche de la société Texas Instruments (TI), établit une stratégie pour profiter des nouvelles opportunités offertes par les développements des transistors. Il profite de l'offre de licence de fabrication non-exclusive pour 25.000 $ du brevet du 25 septembre 1951 de William Shockley sur les transistors proposée par les Laboratoires Bell. Ces derniers, organisent en avril 1952, un symposium de huit jours dans leurs laboratoires à leur quartier général à Murray Hill dans le New Jersey, incluant une visite de l'usine de Western Electric à Allentown en Pennsylvanie, pour transférer le savoir-faire aux trente-cinq entreprises dont vingt-cinq américaines qui ont acquis la licence. Parmi les participants qui y assistent, des membres de Général Electrique (GE), Radio Corporation of América

(RCA), Westinghouse, IBM, Philco, Sylvania, Raythéon, Transistor Product,… Texas Instruments, et d'entreprises non-américaines dont Philips, Siemens,… Sony. Sony est une société créée en 1946 au Japon qui n'est pas un pays membre de l'OTAN, mais est sous contrôle américain depuis 1945, donc assimilé à un pays membre de l'OTAN.

Le savoir-faire en matière de semi-conducteurs prévu par la licence est celui développé sur la période allant de fin 1947, lorsque le transistor a été inventé jusqu'en 1952 date où les premières licences ont été accordées. Parmi les auditeurs du symposium, Patrick Haggerty, Bob Olsen, Mark Shepherd et Boyd Cornelison pour Texas Instruments mais aussi un certain Jack Kilby qui travaille pour Centralab petite société d'électronique de Milwaukee dans le Wisconsin. Ils repartent comme les autres participants avec « *Transistors technology* » l'encyclopédie sur l'invention du transistor en deux gros volumes, qui seront qualifiés de « *Bible* » ou de « *Livre de cuisine de mère Bell* ». L'évènement est largement relaté par la presse et les participants sont mentionnés avec une certaine publicité. Les entreprises présentes sont citées par ordre décroissant de leur taille et il est donc précisé « *qu'il y a de grandes entreprises comme Général Electrique, RCA, Westinghouse… et de petites entreprises dont certaines pratiquement inconnues comme… Texas Instruments* » !

Texas Instruments fabrique donc des transistors discrets au germanium à Dallas et quelques années après en fabriquera, à Villeneuve- Loubet près de Nice dans l'usine toute neuve de Texas Instruments France (TIF) inaugurée en 1964. Le principal client pour ces composants pour TIF est IBM France, suite à la décision d'IBM de fabriquer de gros ordinateurs dans la Communauté Européenne pour les six pays membres de l'époque, France, Allemagne de l'ouest, Belgique, Luxembourg, Pays-Bas, Italie. Les gros ordinateurs sont d'abord assemblés à Corbeil-Essonnes au sud de Paris, puis à Montpellier. Le fait que les composants électroniques soient fabriqués en France permet à IBM de les fabriquer à moindre coût que s'ils venaient des états Unis, en particulier en évitant les droits de douane de 21%.

L'unité TIF de production de Villeneuve-Loubet est totalement intégrée. Cela débute par l'affinage du germanium obtenu par le déplacement d'une zone en fusion le long d'un barreau de germanium coulé dans un creuset réfractaire. Les impuretés restant dans la zone en fusion se retrouvent au bout du barreau à la fin de l'opération. Le sciage du barreau permet d'obtenir des tranches de germanium, de quelques dixièmes de millimètre d'épaisseur, de forme presque carrée légèrement trapézoïdale, (forme « en dépouille » imposée par la nécessité du démoulage du barreau) avec le côté haut dans le creuset légèrement bombé dû au ménisque fait par le germanium en fusion. De ces tranches de germanium peuvent être tirées les pastilles circulaires découpées par ultrasons qui seront alliées avec des billes d'indium pour former les jonctions des transistors alliés. Les tranches peuvent également être utilisées telles quelles pour réaliser des transistors au mésa germanium.

La technologie du germanium allié est ainsi nommé car le cœur du transistor est réalisé en alliant à haute température une bille d'indium de 5 à 6 dixièmes de millimètre de diamètre au centre de chacune des faces d'une pastille de germanium de 2 à 3 millimètres de diamètre et de quelques dixièmes de millimètre d'épaisseur. La majorité des opérations d'assemblage, souvent très délicates sont réalisées manuellement par de très nombreuses opératrices qui effectuent les opérations sous microscope binoculaire.

Pour le type « Mésa », sur une tranche de germanium sont réalisées les deux jonctions pour former le cœur d'un transistor, par dépôts successifs et terminé par gravure chimique de ceux-ci, ce qui laisse en relief deux petits plateaux, comme une petite table (mesa en espagnol). L'ensemble des deux plateaux ne couvre qu'une surface carrée de la tranche de germanium de moins d'un millimètre de côté, ce qui veut dire que sur une tranche de germanium il y a plus de cent cœurs de transistor. Pour les séparer, c'est la technique du diamant qui est utilisée : prédécoupe avec un diamant, puis casse, comme le fait un vitrier. Ceci permet donc d'obtenir des petits pavés de base presque carrée d'environ sept dixièmes de millimètre de côté et dont l'épaisseur est de l'ordre du demi-millimètre, mais dont les côtés découpés, ne sont pas parfaitement parallèles. Ceci n'a pas d'importance sur le plan électrique mais par contre rend la manipulation avec des petites pincettes (brucelles) difficile pour souder les pastilles sur l'embase car en les serrant avec les pincettes parfois elles glissent se mettent de travers et sont projetées en l'air, ce qui fait que les opératrices les appellent « *des puces* » car elles sautent comme ces animaux, dont elles ont la taille. L'usine de Texas Instruments étant la seule en France à fabriquer ce type de composant le nom de puces vient donc exclusivement de là ce que très peu de personnes à part les opératrices et l'encadrement de la ligne de fabrication peuvent expliquer.

Les opérations d'assemblage et de connexion des pastilles de mesa germanium encore plus délicates que celles des transistors au germanium allié sont réalisées sous microscope binoculaire par de très nombreuses opératrices. Celles-ci utilisent leurs deux mains pour actionner chacune les commandes d'un micro-manipulateur permettant de positionner à tour de rôle un fil d'or de très petit diamètre sur un des deux plateaux et le mini burin (chisel) qui presse sur le fil chauffé pour faire les microsoudures par thermo compression (chisel bonding). Elles utilisent également leurs pieds pour actionner le zoom du microscope binoculaire pour faire varier le champ visuel en fonction des différentes opérations et commander la soudure proprement dite.

Les cadres de TIF qui quittent l'entreprise pour travailler dans d'autres sociétés d'électronique amènent avec eux cette dénomination de « *puce* » qui se répand aux autres pastilles semi-conductrices en France qui est le seul pays qui leur donne ce nom. Ce qui en France est appelé « une puce », ailleurs est appelé « un chip ». Par la suite, ce sont en France, tous les pavés semi-conducteurs et plus particulièrement ceux des circuits intégrés qui seront appelées « *puces* ». C'est comme cela que l'on verra des annonces publicitaires qui parleront de « *puces Thomson* », il s'agit là de circuits intégrés au silicium fabriqués par Thomson Composants.

Ce sont donc les opératrices de la ligne d'assemblage des transistors mesa germanium de Villeneuve Loubet chez Texas Instruments France qui sont à l'origine de cette dénomination de « *puce* » du pavé semi-conducteur.

Pour les aider à mettre en place une activité basée sur le transistor, Patrick Haggerty directeur du laboratoire de recherche de Texas Instruments a convaincu en 1952 , un des ingénieurs des Laboratoires Bell, Gordon Teal, de quitter sa société à Murray Hill dans le New Jersey et de venir dans son état natal travailler chez TI à Dallas en lui donnant la responsabilité de la recherche et de la mise en œuvre sur le transistor. « *Peu après mon arrivée chez Texas Instruments, je démarrais un programme sur la croissance des cristaux de silicium* » racontait-il. Le silicium raffiné est produit par tirage en tournant d'un monocristal à partir d'un bain de silicium en fusion ce qui donne un barreau cylindrique. A partir de ce barreau sont obtenues par sciage des tranches circulaires d'épaisseur de 0,7mm.

Gordon Teal, docteur en chimie physique, né au Texas, pense que les performances sont meilleures si l'on travaille avec un matériau monocristallin. Il travaille sur la mise au point d'un transistor au silicium et le 10 Mai 1954, Texas Instruments sort le premier transistor au silicium jamais fabriqué, ce qui donne lieu à un brevet. Jusque-là les transistors réalisés étaient au germanium suite à la découverte de l'effet transistor en 1947 par les chercheurs des Laboratoires Bell et qui reçoivent le prix Nobel de physique en 1956 pour cette découverte.

Pourquoi le passage du germanium au silicium ? Parce que les caractéristiques du silicium se maintiennent relativement même si la température varie ce qui n'est pas le cas pour le germanium. Par ailleurs la surface du silicium peut être passivée par oxydation, ce qui agit comme une protection. L'oxyde de silicium est un protecteur mécanique et chimique. Les pavés de silicium ne posent pas le même problème de découpe que ceux de silicium car les tranches de silicium de taille plus grande peuvent être découpées à la scie diamantée ce qui donne des cotés plans et parallèles, donc ne se comportent pas comme des puces et donc ne justifient pas d'être nommées ainsi par les opératrices de production. De plus, contrairement au silicium, le germanium est un élément rare, sa teneur dans l'écorce terrestre est très faible, environ 0,00015 %. Il est récupéré comme sous-produit à partir de minerais de Zinc. La quasi-totalité du germanium est récupérée dans les fonderies de zinc, c'est un sous-produit de fusion, donc son coût de production est élevé et il est relativement rare alors que le silicium est l'élément le plus abondant dans la croûte terrestre après l'oxygène, environ 25% de sa masse. Le silicium n'existe pas dans la nature à l'état de corps simple, mais sous forme de composé : sous forme de dioxyde de silicium SiO_2. Il se trouve principalement sous forme de silice amorphe dans le sable, très répandu et facile d'accès.

Mark Shepherd ingénieur chez Texas Instruments y est nommé chef de projet du groupe technique des semi-conducteurs. Il installe un groupe de quinze ingénieurs. Un autre ingénieur que les membres de TI avaient croisé lors du symposium de huit jours organisé par les laboratoires Bell à leur quartier général à Murray Hill, Jack Kilby est embauché dans l'équipe de Mark Shepherd. Il s'attaque au problème posé par les équipements informatiques qui utilisent des circuits électroniques comportant depuis l'invention du transistor de plus en plus de composants. Les demandes des utilisateurs pour améliorer les performances nécessitent de rajouter un nombre de plus en plus important de composants mais les connexions deviennent de plus en plus difficiles à réaliser vu le nombre de points de soudure à effectuer et le volume occupé par les fils de connexion. J.A. Morton, vice-président des Laboratoires Bell invente pour ce problème l'expression *« tyrannie des nombres »*, car c'est la quantité de composants qui tyrannise les fabricants d'ordinateurs pour l'assemblage de ceux-ci. C'est néanmoins un très gros progrès par rapport aux générations des tubes à vide appelés « lampes » dans le langage courant.

Jack Kilby pense que pour régler ces difficultés de fabrication des calculateurs, *«la solution viendrait de la diminution de nombre de composants à connecter, s'il était possible de faire en sorte que chaque composant intègre l'équivalent de plusieurs composants discrets »*, c'est à dire un petit morceau du circuit d'où le nom de *« circuit intégré »*. Il expliquera plus tard en parlant des circuits intégrés : *« Une réflexion approfondie sur le problème m'a amené à la conclusion que les semi-conducteurs répondaient à ce dont nous avions besoin. Les résistances et les condensateurs en particulier pouvaient être fabriqués avec le même matériau que les transistors. J'ai ainsi réalisé que puisque tous les composants pouvaient être faits à partir d'un même matériau, ils pouvaient aussi être faits dans la masse, interconnectés pour réaliser un circuit complet »*. Jack Kilby arrive à réaliser un tel circuit sur une plaquette de germanium alors qu'il est tout seul dans le laboratoire à Dallas, presque tous les membres du personnel étant en congé, auquel, lui récemment embauché n'a pas droit. Ce circuit est un oscillateur composé d'un transistor au germanium et d'un réseau résistance–condensateur qu'il connecte avec des fils d'or. Le circuit fonctionne et il le présente l'année suivante à l'exposition de l'institut américain des ingénieurs Radio (IEEE, Institut of Electrical et Electronic Industry), sous le nom de *« solid state circuit made in germanium »* que l'on peut traduire en respectant sa pensée par circuit monolithique fait en germanium. Un brevet est déposé le 6 février 1959. **Cela lui vaudra en 2000, le prix Nobel de Physique.** Le prix Nobel, est attribué suivant la définition donné dans son testament par l'inventeur de la dynamite Alfred Nobel, pour avoir rendu de grands services à l'humanité, permettant une amélioration ou un progrès considérable dans ce domaine. Il est vrai que sans les circuits intégrés, il faudrait réaliser tous les équipements en composants unitaires. Sans parler de problèmes de fiabilité dus aux très nombreuses connexions, les équipements ainsi conçus occuperaient de très gros volumes au minimum chiffrés en mètres cubes et pesant des centaines de kilogrammes, ceci en particulier exclut les appareils portables. La longueur des câbles influencerait négativement la vitesse de traitement. Les coûts de fabrication seraient très élevés. Tous ces points empêcheraient la diffusion au grand public.

La plaquette de germanium de Jack Kilby fonctionne en laboratoire. Il reste à développer l'industrialisation, ce qui n'est pas évident. Il faut améliorer le produit, mais aussi créer l'outil industriel

En fin 1964, je réponds à une annonce passée par Texas Instruments France qui recherche un ingénieur comme responsable du groupe de production des diodes. La réponse que je reçois est négative arguant du fait que je n'ai *pas le profil du candidat recherché qui entre autre doit avoir au moins cinq années d'expérience dans ce genre de fonction*, mais, on me propose un poste en production qui vient de se libérer. Les conditions générales d'embauche pour moi, (salaire, qualification,....) sont celles classiques d'embauche d'un ingénieur débutant.

C'est un poste d'assistant au chef d'atelier de test des transistors petits signaux en équipe du matin de 6h à 14h. L'atelier s'appelle « la ligne Final Test petits signaux». Il y a 70 opératrices, il faut aider le chef d'atelier à les encadrer. Je suis embauché très rapidement. Quinze jours après, mon arrivée, le chef d'atelier de l'équipe du soir de 14 heures à 22 heures, équipe chargée des transistors de semi-puissance, est muté, je suis nommé , chef d'atelier de l'équipe du soir avec également 70 opératrices auxquelles il faut attribuer un poste de travail qu'il faut régler en fonction du test à effectuer. Il faut organiser l'approvisionnement des postes de travail et réorienter les pièces testées. Chaque transistor pouvant être testé sur une dizaine de paramètres différents (tensions, courants, résistances, gains, capacités, temps de commutation,…) et pour plusieurs fourchettes de valeurs de chaque paramètre sur des appareils qui après réglages peuvent indiquer si le paramètre est ou non dans la fourchette recherchée. Parfois sur des tests particuliers demandés par un client, il est nécessaire de faire un montage comme dans un laboratoire. En fonction des résultats à un test, les transistors sont orientés vers d'autres tests pour finalement être catalogués comme d'un type précis correspondant soit à un produit catalogue, soit à un produit spécifique à un client. Chaque transistor peut subir entre dix et cinquante tests manuellement. Tous les transistors trouvés comme étant du même type sont regroupés pour des raisons de traçabilité dans un même lot s'ils ont été fabriqués pendant la même semaine et présentés au contrôle qualité le QA (assurance de la qualité) pour validation. Le contrôle QA est effectué par échantillonnage. Malheureusement un certain nombre de lots peuvent être refusés pour erreur de tri ou pour mélange de types différents. Il faut donc retrier tous les transistors du lot, parfois pour tous les paramètres. Le problème de cette ligne de production est qu'elle n'arrive pas à traiter la quantité de transistors produits par la ligne amont qui assemble les transistors et donc un important stock de transistors à tester s'est constitué entre les deux lignes et ne va qu'en augmentant.

Nous sommes fin décembre, il faut travailler à optimiser le plan de tri, à réaménager les postes de travail et à améliorer la productivité individuelle. Les ingénieurs du service méthodes très récemment créé, commencent à mettre en place le calcul des temps prédéterminés par la méthode «Work factor». Fin février, le nombre de test par transistor est pratiquement divisé par quatre en supprimant les tests redondants, en n'ayant pratiquement plus de lots refusés par le contrôle qualité, donc pas de lots à retrier. Toutes ces améliorations rajoutées à l'augmentation de la productivité faite ont permis de tester tous les transistors qui constituaient le stock qui se trouvait en amont de la ligne. Le stock qui se trouvait entre la ligne d'assemblage et la ligne de test se trouve maintenant entre la ligne de test et la ligne de conditionnement qui fait le contrôle d'étanchéité à l'hélium, le marquage des composants par impression du type du composant et du numéro de la semaine de fabrication, un redressage des broches et l'emballage. Cette ligne comprend 40 opératrices et un agent de maitrise par équipe. Le directeur de la production m'indique alors que « *Je suis nommé avec effet immédiat, responsable en plus de la ligne de test dont je m'occupe déjà, de la ligne de conditionnement de l'équipe du soir et responsable des 60 opérateurs de l'équipe de nuit qui travaillent sur les postes « bouchons » de toutes les lignes de l'entreprise, les opératrices n'étant pas légalement autorisées à travailler après 22 heures ».* Fin mars, la ligne de conditionnement aidée par les opératrices inoccupées de la ligne de test a traité tous les transistors arrivés à ce stade qui ont donc été livrés aux clients. En conséquence il n'y a plus assez de travail pour occuper l'ensemble des opératrices des deux lignes, la ligne d'assemblage ne produisant pas suffisamment pour les alimenter. Ce n'est pas un problème car d'autres lignes de production ont besoin de personnel supplémentaire.

Le jeudi premier avril 1965, une note de service indique *« ma nomination comme responsable du groupe de production des diodes* pour lequel quatre mois avant j'avais été considéré comme n'ayant pas le profil. Le groupe des diodes comprend également la fabrication des éléments indium-germanium pour les transistors au germanium allié. Cette décision s'applique instantanément puisque le seul délai admissible chez Texas Instruments, est : « effective immediatly», effectif immédiatement !

2- *Création de TEXAS INSTRUMENTS Incorporated*

Texas instruments Incorporated a été officiellement créé en 1951, par changement du nom de la société Géophysical Service Incorporated (GSI), afin d'avoir une dénomination qui traduit mieux la diversité des secteurs d'activité qui ne se limitaient plus à la géophysique. La société GSI à cette époque-là, est une société de quelques centaines de salariés, elle-même créée en 1930, par Clarence Karcher, géophysicien, pour exploiter le brevet sur la réflexion sismique qu'il avait pris le premier mai 1929. Le brevet porte sur la méthode et sur l'appareillage permettant d'établir les cartes géologiques souterraines en utilisant la technique d'analyse des échos d'ondes sismiques. Au début, GSI travaille dans e secteur de l'exploration pétrolière pour déterminer l'endroit et la profondeur à laquelle se trouvent des formations géologiques favorables à la présence de pétro e et plus précisément au Texas qui est une région fortement pétrolifère. Puis, les activités s'étendent à la fabrication d'équipements sismiques. Ces équipements sont essentiellement électroniques. A cause de l'entrée en guerre des Etats-Unis dans la deuxième guerre mondiale et la demande faite à toute l'industrie amér caine de participer à l'effort de guerre, la société qui est spécialisée dans la technique d'analyse des échos d'ondes petit à petit s'oriente vers les équipements électroniques de défense qui utilisent cette technique pour fabr quer des sonars et des radars et par la suite obtient un cortrat pour un radar aéroporté.

Plus tard, GSI pourra, en utilisant ses compétences en détection sismique, d'une manière discrète surveiller les essais d'armes nucléaires menés par l'Union soviétique, qui sont tous souterrains à partir de mars 1964. Ceci dans le cadre d'un programme top secret mené avec le gouvernement américain.

Texas Instruments Incorporated installe ses bureaux à l'aéroport de Dallas dans des locaux de la compagnie aérienne Braniff. En 1960, les dirigeants de Texas Instruments familièrement appelée T. I. et écrit TI, achètent Braniff Airline, ce dont les employés de TI sont très fiers, et en parlent aux nouveaux arrivants. La Braniff ne laisse pas les passagers indifférents, tous ses avions, des Boeing 707 sont de couleurs vives différentes les uns des autres et les hôtesses de l'air changent de tenue devant les passagers une fois à bord.

A sa création, Texas Instruments, est donc une société qui au Texas fait principalement des instruments de mesure pour l'exploration pétrolière d'où son nom. Patrick Haggerty, né à Harvey, Dakota du Nord, ingénieur électricien est nommé directeur général adjoint, puis en 1958 directeur général et en 1966 Président, une fonction qu'il gardera jusqu'à sa retraite en 1976. Patrick Eugène Haggerty que tout le monde dans l'entreprise appelle Pat Haggerty est lieutenant dans l'US Navy pendant la deuxième guerre mondiale, il est chef du bureau en charge des fabrications électroniques et à ce titre-là gère pour la marine américaine entre autre les contrats avec GSI, qui deviendra Texas Instruments. Après la guerre, il rejoint cette société en 1945 à Dallas comme responsable du laboratoire nouvellement crée et de la division de la production, avec l'objectif de développer la recherche, l'ingénierie et la production des divers secteurs de l'entreprise. C'est principalement grâce à lui que la petite compagnie d'exploration pétrolière, de quelques centaines de personnes va devenir le numéro un mondial des semi-conducteurs. Avec Pat Haggerty, trois hommes-clé entre autres dirigent TI jusqu'au milieu des années 1980, Mark Shepherd, Fred Bucy et Morris Chang. C'est cette période que j'ai vécue chez TI dont il sera le plus question, car c'est la période de naissance de presque tous les types de composants électroniques semi-conducteurs petits signaux qui vont révolutionner le monde, en particulier, les composants logiques, les microprocesseurs et les mémoires.

Au début de cette époque l'avenir commercial du secteur des transistors est encore en question. Par exemple aucune société de radiodiffusion importante de l'époque ne s'intéresse au premier poste radio à transistors. Pat Haggerty, crée un groupe de projet d'ingénierie pour créer, fabriquer et vendre des semi-conducteurs. Il met en place un laboratoire de recherche sur la physique du solide. Le transistor est considéré comme un énorme progrès face au tube à vide électronique par les anciens de GSI qui en utilisaient dans leurs équipements. Beaucoup plus petit, plus léger et plus robuste, fonctionnant avec des tensions faibles, autorisant une alimentation par piles, il est actif presque instantanément une fois mis sous tension, contrairement aux lampes à vide qui demandent un temps de chauffage non négligeable, génèrent une consommation importante d'électricité et nécessitent une source de tension plus élevée. Après son passage aux Laboratoires Bell, Mark Shepherd forme une équipe avec comme objectif, produire des transistors commercialisables.

En 1954, Texas Instruments qui a construit un prototype de poste radio à transistor cherche un fabricant, il trouve finalement la société l'IDEA (Industrial Development Engineering Associates) dans l'Indiana qui s'intéresse au projet et qui prend en charge l'assemblage et la commercialisation de l'appareil. Beaucoup d'autres associés potentiels avaient décliné l'offre faite par TI, ce sera donc IDEA qui assemblera et commercialisera le Regency TR-1, premier récepteur radio FM portatif à transistors fabriqué industriellement. C'est un poste radio récepteur de poche, il mesure 12cm x 7,2cm x 3cm.

Annoncé sur le marché en octobre 1954 et vendu dès le mois suivant c'est un très gros succès à l'approche des fêtes de fin d'année. Près de 100.000 appareils sont commercialisés au prix de 50 dollars (près de 500 dollars de 2020) au cours de la première année. Jusque-là les postes radio sont fabriqués en utilisant des tubes électroniques. Les premiers transistors sont des composants NPN (Négatif Positif Négatif) au germanium de TI et l'appareil est alimenté par une batterie de 22,5 volts. Le poste radio à transistors Regency offre 20 à 30 heures d'écoutes, à comparer aux 3 heures d'un poste à lampes alimenté par batterie. De plus il est très maniable et moins fragile que les postes à tubes.

Aux Laboratoires Bell, William Shockley récemment nobélisé, pour sa découverte de l'effet transistor, démissionne et crée en 1956, une société le «Shockley semiconductor laboratory » filiale de la société Beckman Instruments. Cette dernière, a été lancée en 1935 par Arnold O. Beckman, dans le but de commercialiser le pH-mètre à électrode de verre qu'il a inventé et qui équipera tous les laboratoires de chimie du monde. Le laboratoire de Shockley est installé à Mountain View (Californie) il est à l'origine de ce qui va devenir la Silicon Vallée. Comme aucun ingénieur des Laboratoires Bell ne s'associe avec lui, Shockley recrute sur place des jeunes diplômés, dont certains débutants. Pour la fabrication des transistors, Shockley prend l'option du silicium donc risque d'avoir à utiliser le brevet TI. Une année plus tard la quasi-totalité de ces jeunes embauchés, en désaccord avec lui, le quittent pour des problèmes d'incompatibilité d'humeur et sur le fait que ses recherches semblent n'aboutir à rien. Shockley les appela les *huit traîtres*.

En août 1957, le groupe des huit membres qui s'est surnommé le *California group* conclue un accord avec Sherman Fairchild , le président fondateur de la société Fairchild Camera and Instrument basée alors sur la côte Est. Le 18 septembre 1957, ils forment à San José en Californie, Fairchild Semiconductor, ce sont : Robert Noyce qui a trente ans, docteur en physique de l'institut de technologie du Massachussetts qui est embauché comme directeur de la recherche et du développement, Julius Blank, Victor Grinich, Jean Hoerni, Jay Last, Eugene Kleiner, Sheldon Roberts et un certain Gordon Moore.

Pour la petite histoire, Georges Fairchild le père de Sherman est un des fondateurs et le premier président de Computing Tabulating Recording (CTR) Company qui sera renommée plus tard en 1924, IBM (International Business Machine) par un de ses successeurs Thomas J. Watson. Robert Noyce sera par la suite appelé « *le maire de la Silicon Vallée* ».

Mark Shepherd le premier des hommes-clé de l'équipe de Pat Hggerty, né à Dallas, a un master de l'université de l'Illinois en électricité, il est embauché en 1948. Chez TI, avec les trois autres ingénieurs dont Pat haggerty formés chez les Laboratoires Bell en même temps que Jack Kilby et Gordon Tael sont donc la source interne de la connaissance sur le sujet et développent des applications spécifiques.

Mark Shepherd est à la tête de l'équipe semi-conducteurs dans laquelle se trouve Jack Kilby lorsque celui-ci invente le circuit intégré, et dépose un brevet le 6 février 1959. Il participe le 12 septembre 1959 à la démonstration que fait Kilby avec succès. Cela débouche sur de très nombreuses applications qui permettent de mettre sur le marché de nombreux produits. Mark Shepherd a une connaissance technique approfondie des semi-conducteurs d'où ses questions très précises par exemple lorsqu'il s'agit de caractéristiques techniques des produits qu'il pose en réunion et auxquelles il vaut mieux avoir une réponse précise. Il développe la société à l'international créant des usines outre-mer principalement en Europe dont Texas Instruments France (TIF) et même au Japon à Hiji sur l'ile de Kyushu, la plus méridionale des quatre îles principales du Japon. Il est très orienté réduction des coûts pour maintenir la compétitivité de l'entreprise. Par la suite, devant l'augmentation de la concurrence asiatique, il réoriente TI vers les semi-conducteurs de haute technologie plutôt que vers les produits grand public.

Le deuxième dirigeant-clé, Fred Bucy né à Tahoka (Texas), diplômé en physique de l'université du Texas rejoint Texas Instruments en 1952. Il est affecté au Laboratoire de recherche Central, l'objectif qui lui est fixé est de développer les instruments de géophysique. Le résultat est un processeur hybride analogique-digital permettant d'interpréter les donnée collectées sur le terrain. Plus tard, Fred Bucy est chargé du développement du premier système de recherche sismique entièrement transistorisé qui est mis sur le marché en 1958 l'année où Jack Kilby invente le circuit intégré. Dans une suite logique il est désigné comme responsable du programme de développement du premier système sismique digital intégré qui comprend un ordinateur numérique, un système de terrain digitalisé et un amplificateur sismique de haute-fidélité. Suite à ces réalisations il est nommé en 1963, directeur général adjoint de Texas Instruments et responsable de la division Apparatus. Celle-ci comprend toutes les activités de développement et de production d'équipements aussi bien les équipements dits gouvernementaux que les équipements industriels comme les radars, les sonars, les systèmes de détection infrarouge, les missiles, les systèmes spatiaux et les appareils de mesure dont ceux de géophysique. En 1967, alors que jusque-là il avait été un utilisateur de semi-conducteurs en transistorisant puis digitalisant tous les équipements fabriqués par TI, il devient responsable au niveau mondial des activités des composants qui est en train de devenir la principale activité de TI.

Le troisième dirigeant-clé, Morris Chang est né en Chine à Ningbo, dans la province du Zhejiang, province côtière au sud de Shanghai. Pendant la révolution culturelle lancée par Mao, il se réfugie dans la colonie britannique de Hong Kong puis émigre aux Etats-Unis où il fait ses études à l'Institut de technologie du Massachusetts le MIT et obtient un master en 1953. Son premier travail est chez Sylvania, société qui a créé le premier ordinateur à tubes en 1948, puis entre chez TI en 1958. Il reprend ses études à la demande de TI et devient docteur en électronique de l'université de Stanford. Chez TI il évolue jusqu'à devenir directeur général adjoint de TI responsable mondial pour les semi-conducteurs.

Le nom de ces quatre managers, Pat Haggerty, Mark Shepherd, Fred Bucy, et Morris Chang éclipsent tous les autres chez TI pendant de nombreuses années, l'activité composants semi-conducteurs étant devenue l'activité principale de TI. Ce sont eux qui impulsent la stratégie de TI et lui permettent d'atteindre rapidement la première place au classement des fabricants de semi-conducteurs. Ils sont très connus hors de TI qui devient une référence en terme de nouveaux composants et de gestion de projet et d'entreprise. L'administration américaine leur confie souvent des missions.

3 – Les composants électroniques

Après le poste radio de poche Regency, suivent d'autres applications, mais, TI devient surtout un fabricant de composants électroniques semi-conducteurs ou d'équipements dans le cadre des efforts liés à la Guerre Froide et à la conquête de l'espace.

Le 6 février 1959, Jack Kilby ingénieur de TI avait déposé un brevet sur les circuits intégrés au germanium. Plus tard, pendant la même année, un ingénieur de Fairchild, Robert Noyce dépose le brevet d'un circuit intégré sur silicium avec ce qui deviendra la technologie planar. Dans la technologie planar, toutes les étapes successives ont lieu sur la surface d'une plaquette de silicium, et tous les contacts se font également sur cette surface ce qui rend la méthode techniquement industrialisable, il s'agit de la photolithographie procédé breveté en 1959. Le procédé photolithographique permet de reproduire un dessin en projetant l'ombre de celui-ci éclairé par des ultraviolets sur la tranche de silicium préalablement recouverte d'une résine photosensible. La zone irradiée voit sa solubilité varier. Après révélation la partie du substrat mise à nu pourra subir des traitements divers: gravure, dépôt, implantations d'ions...

La même année, Texas Instruments achète la société Metals and Control d'Attleboro dans le Massachussetts. Son activité est la métallurgie fine pour fabriquer des semi-ouvrés pour la fabrication de composants électroniques. Une de ses spécialités étant le contre laminage à froid de deux métaux de coefficients de dilatation différents qui sont souvent de l'invar et du nickel pour faire des bilames qui sont utilisés comme des interrupteurs thermiques. Une autre spécialité, toujours de contre-laminage à froid, mais cette fois-ci avec des métaux nobles sur des métaux moins nobles pour un coût inférieur à celui des métaux nobles massifs. Ceci permet soit de protéger des métaux oxydables par d'autres qui ne le sont pas, soit d'améliorer le contact électrique comme avec de l'argent ou du cuivre. Dans la suite logique comme les produits bruts se présentent en feuille à la sortie des laminoirs, Metals and Control a des activités de découpage et d'emboutissage, par exemple les capots nickel pour les transistors, les contacts des claviers pour les calculatrices et les ordinateurs, les barrettes de connexion (lead frames) sur lesquelles sont montés les transistors ou les circuits intégrés pendant leur fabrication.

Dans une allocution prononcée au début de 1959 à l'université du Texas, Pat Haggerty, président de TI annonce pour cette année-là, « *une rapide croissance de TI et un chiffre d'affaire de la société qui approcherait les 200 millions de dollars soit plus de deux fois les 91 millions de dollars de 1958* ». Il déclare que « *près de la moitié de cette augmentation pourrait provenir de la fusion avec Metals and Control* » dont il estime « *le chiffre d'affaire pour 1958 dans une fourchette de 42 à 45 millions de dollars* ». Au moment de l'achat par TI, l'organisation de Metals and Control est essentiellement fonctionnelle. Une réorganisation est faite, basée sur les principes de TI qui privilégie « *la concentration des activités en fonction des produits et des clients* ». Une des idées de base est « *la délégation des responsabilités incombant normalement aux différents directeurs fonctionnels, à des directeurs de produits dont chacun se trouve ainsi responsable de tout ce qui concerne sa gamme de produits : conception, fabrication, vente et résultats financiers* ». Ceci est déjà en vigueur dans les autres activités de TI. Cette réorganisation chez Metals and Control devient un cas d'école enseigné à la Harvard Business School et par la suite dans toutes les écoles de management. J'ai eu à intervenir, à leur demande, dans de nombreuses écoles de management et de commerce, pour faire des exposés sur ce cas et en particulier sur « le cas Tom Pringle » chef du département Métaux Industriels de Metals et Control. C'était assez facile pour moi, puisque j'ai occupé un poste similaire à TI. Ce genre d'intervention était recommandé par la direction générale de Dallas dans le cadre de l'image que TI voulait donner en particulier pour faciliter le recrutement de cadres.

Durant les années de la décennie 1960, Mark Shepherd met beaucoup d'énergie pour développer des activités en Asie en plus du Japon, à Taiwan et à Singapour, les pays qui à l'époque dans cette zone avaient ou pouvaient avoir une activité industrielle dans l'électronique. Au fil des années les activités de Texas Instruments se développent en Europe, mais aussi en Amérique latine et dans la région Asie-Pacifique. TI devient une des premières sociétés d'électronique globale. En 1965, la production annuelle de transistors dépasse les 600 millions d'unités aux États-Unis.

Pat Haggerty le Président de TI ne s'intéresse pas uniquement à l'aspect technique des activités industrielles. TI est une société d'électronique performante, mais c'est également une sorte de business school, une sorte d'école de gestion. Pat Haggerty s'intéresse beaucoup aux méthodes de gestion industrielle et à la psychologie du personnel. Il fait recenser tous les facteurs qui participent à sa motivation et ceux nécessaires au maintien de celle-ci et met en place les actions indispensables. Parmi ces actions, la mise en place d'une gestion participative par objectifs, les programmes anti anxiété pour les nouveaux embauchés permettant de réduire d'un tiers le coût et le temps de la formation. Pour vérifier le niveau de motivation, des enquêtes d'opinion sont réalisées tous les ans, d'où il se dégage des actions correctives. De même, Pat Haggerty développe le concept de "Management Stratégique". Il formalise un système qui prend le nom d'OST Système, Objectif, Stratégie et Tactique. Ce système est fait pour planifier les innovations et le fonctionnement de l'entreprise. Le principe est de formaliser dans le moindre détail les objectifs et les actions nécessaires pour les réaliser. Pour que les objectifs prévus soient tenus la méthode consiste à faire des revues à intervalles tels que la dérive maximum dans les objectifs, qu'ils soient temporels ou/et financiers, soit inférieure aux possibilités de correction.

Parmi les objectifs d'actualité, il y avait celui d'obtenir un brevet pour protéger l'invention de Jack Kilby sur les circuits intégrés, or au contraire, le 25 avril 1961, c'est le brevet déposé en 1959 par Fairchild d'un circuit intégré qui est accepté, alors que celui déposé par Jack Kilby de TI qui avait été déposé le 6 février 1959 avant celui de Fairchild, n'est pas encore délivré. Donc Fairchild se considère en droit de fabriquer librement des circuits intégrés, ce que conteste TI qui a déposé son brevet avant, donc qui considère avoir l'antériorité sur le brevet « circuit intégré ». Le brevet déposé par Jack Kilby n'est toujours pas accepté et certains commencent à penser qu'il ne le sera peut-être jamais, idée qui se renforce avec le temps. Mais le brevet est finalement accordé à TI en juin 1964. Cela va poser un problème entre les deux entreprises. Chez Texas Instruments en fin 1964, cela fait l'objet d'un grand sujet de conversation dont je suis témoin entre les cadres, du moins entre ceux qui ont une certaine connaissance sur l'antériorité du sujet. Texas Instruments a mis sur le marché ses premiers circuits intégrés logiques en 1961 et Fairchild également. En 1966, le sujet des conversations évolue car Fairchild et Texas Instruments signent un accord sur le partage de la paternité du brevet sur le circuit intégré. D'après les ingénieurs se disant bien informés, Texas Instruments autorise Fairchild à faire des circuits intégrés quel que soit le procédé et les matériaux utilisés (germanium, silicium, ou autres) et Fairchild autorise Texas Instruments à utiliser la technique planar pour produire des composants sur silicium quel que soit le type de composants (transistors ou circuits intégrés).

En fait, en 1966, Texas Instruments et Fairchild concluent un accord par lequel chacune des deux sociétés reconnait à l'autre, des droits de propriété intellectuelle sur le circuit intégré et elles conviennent de placer sous licence réciproque tous les droits qu'elles pouvaient avoir. Donc Texas Instruments et Fairchild peuvent faire des circuits intégrés au germanium ou au silicium avec la technique planar. Les autres sociétés sont obligées de conclure des accords de licence avec elles deux, leur versant un droit d'exploitation s'élevant à environ quatre pour cent. Toutes les autres sociétés soit parce qu'elles utilisent la technique planar soit parce qu'elles font des circuits intégrés ou les deux doivent payer des royalties à Texas Instruments et à Fairchild. Rapidement TI et Fairchild deviennent les numéros un et deux des fabricants de semi-conducteurs devant Motorola.

4- Création de Texas Instruments France (TIF)

Au milieu des années 1950, en France, la Compagnie Générale de Télégraphie sans fil (CSF) avait créé la Compagnie Générale de semi-conducteurs (COSEM) avec une usine à Saint-Egrève près de Grenoble. Par la suite, CSF ouvrait dans le Mezzogiorno l'usine Mistral à Latina au sud de Rome qui dépendait de la COSEM. Une autre société fabriquait des composants électroniques à Dreux La Radiotechnique-Compélec filiale de la société hollandaise Philips spécialisée dans les téléviseurs, les électrophones et les composants électroniques dont les tubes puis les semi-conducteurs.

La société Texas Instruments France créée en 1961 occupe des locaux loués à Nice-ouest et embauche du personnel de fabrication. Le PDG est Mark Campbell, c'est l'un des trois membres de l'équipe qui a développé les composants du poste radio à transistors le Regency TR1. L'année suivante, la Compagnie française pour l'exploitation des procédés Thomson-Houston (CFTH), s'associe avec General Electric (GE), pour créer la Société Européenne des Semi-Conducteurs, la SESCO. Thomson qui a 51 % du capitale et GE 49 %, créent une usine à Aix-en-Provence en centre-ville.

A la création de TIF, Métals and Control division de TI a une filiale en France en Haute Savoie, la société Métapa. Elle est absorbée et l'activité arrêtée ou transférée dans les Alpes Maritimes après la création de Texas Instruments France à Nice en 1961. Ceci explique pourquoi certains employés français avaient une ancienneté supérieure à l'âge de TIF.

En 1963, TIF emménage dans l'usine ultra moderne construite à Villeneuve-Loubet à 10 km de Nice. En 1965, Pierre Clavier succède à Mark Campbell comme PDG.

La nouvelle usine de TIF a été construite sur le sommet d'une colline sur un terrain de 24 hectares acheté au marquis Jacques de Mark-Tripoli de Panisse-Passis. Sur le terrain pas de pression dans le réseau d'eau qui est à une altitude inférieure au terrain de TIF, il faudra installer une station de pompage. Entre la route communale qui dessert la zone et le terrain de la future usine il faut faire une route, il faut également faire des parkings. L'électricité haute tension et le téléphone nécessitent la construction de lignes desservant les installations de TIF mais qui devront être enterrées. Il n'y a pas de réseau d'évacuation d'eaux usées industrielles. Il faut donc faire une station de traitement, l'eau étant rejetée dans un vallon qui jouxte le terrain et l'eau arrive ainsi jusqu'à la plage. Comme les effluents produits contiennent des produits chimiques, la station de traitement doit être capable de les neutraliser tous afin de rejeter de l'eau conforme à la règlementation à savoir de l'eau, inodore, incolore, sans saveur, sans matériaux en suspension, neutre chimiquement, avec une DBO (Demande Biologique en Oxygène) conforme à la règlementation. La station comportant des bassins de rétention en cas de panne d'équipements qui néanmoins sont redondants.

La logique aurait voulu que l'usine soit créée au sud-ouest de Paris où se trouvaient de nombreuses entreprises d'électronique en France, Bull, CIT Alcatel, IBM, Thomson, LMT, ... Mais obtenir l'autorisation à l'époque était difficile en fonction des contraintes mises par TI et des règles françaises d'aménagement du territoire, le gouvernement français de l'époque ayant annoncé sa volonté « *de développer des sites industriels hors de la région parisienne* ». C'est la région niçoise qui est choisie, car TI souhaite entre autre la proximité d'un aéroport international, celui de Nice en étant un des rares en France à cette époque-là.

Plusieurs sites sont présentés au vice-président de TI en charge du projet, Cécil Pitts Dotson, lequel après les avoir visités est définitivement convaincu par le terrain sur lequel disait-il, il avait participé à la bataille en aout 1944 lors du débarquement de Provence pour amener les soldats allemands occupant le château de Villeneuve-Loubet à se rendre. Personne chez TIF ne croyait vraiment à cette version qui semblait s'être embellie dans le temps, mais elle fut confirmée 25 ans plus tard suite à l'incendie qui ravagea les collines boisées du département des Alpes Maritimes pendant l'été 1969, puisque pour évacuer les souches d'arbres ayant subies les dégâts de l'incendie, plusieurs tronçonneuses furent endommagées à cause de la présence de morceaux de métal dans les troncs à débiter, qui furent reconnus comme étant bien des balles d'armes à feu militaires.

Monsieur le marquis racontait qu'en aout 1944, au moment de l'attaque du lieu par les troupes alliées récemment débarquées, il s'était porté au-devant de ces troupes terrestres pour leur indiquer comment rejoindre le château et y pénétrer sans attirer l'attention des militaires allemands qui s'y trouvaient. Cela a permis de les neutraliser en évitant l'intervention de l'artillerie et de l'aviation qui auraient forcement endommagé gravement le château. Pendant la guerre, et depuis 1943, Cecil Dotson faisait partie de l'US Air Force Bomb Command comme météorologiste. Il volait à bord d'un B-26 Marauder. Il fut pour cela décoré pour sa participation à l'équipe d'Eisenhower pour la préparation du choix de la date du D-Day, le débarquement en Normandie le 6 juin 1944. De nombreuses versions du B-26 sont fabriquées entre 1941 et 1945, à savoir des modèles de lutte anti-sous-marine équipés de torpilles, des modèles de patrouille maritime ou encore de renseignement météorologique, c'est sans doute en tant que météorologiste que Cécil Dotson devait être dans ce type d'avion.

Pour l'acquisition de ce terrain, le vice-Président de TI avait peut-être également été impressionné par le château de monsieur le marquis Jacques de Mark-Tripoli de Panisse-Passis qui est près de quatre fois plus vieux que les Etats-Unis d'Amérique. En effet, c'est en l'an 1231 que Romée de Villeneuve, viguier, c'est-à-dire magistrat rendant la justice au nom du roi et baile, gestionnaire du seigneur de Provence décide d'édifier son château en haut de la colline du Gaudelet et de créer par la même occasion le village de Villeneuve sur les terres qui lui ont été données par Raimond Bérenger V comte de Provence après la reprise de Nice aux troupes austro-sardes de Charles Quint. Du château et dans sa forme originelle il ne subsiste que le donjon pentagonal. Les autres bâtiments ont été réaménagés au XVIème siècle dans le style Renaissance. Charles Quint en 1536 pendant l'invasion de la Provence, et François Ier en 1538, à l'occasion de la signature de la trêve de Nice qui met fin à la huitième guerre d'Italie, y séjournent plusieurs jours.

Le château de monsieur le marquis est composé de quatre bâtiments disposés autour d'une cour trapézoïdale. Son donjon, haut de 37 mètres et légèrement penché, est de forme pentagonale. L'enceinte extérieure comporte un rempart avec cinq tours rondes. Pour pénétrer dans le château, il faut que le pont-levis soit baissé, et l'on pénètre dans la salle des armes, c'est là que les seigneurs enlevaient armes et armures.

Dans les clauses de l'acte d'achat, il est mentionné que du haut de sa tour donc de l'altitude de 95 mètres monsieur le marquis ne doit voir aucun bâtiment. L'été 1969 les incendies ont ravagés les terrains environnants, les arbres situés sur les crêtes de la colline qui cachent une partie de l'usine TIF à la vue du château ont brûlés et donc du sommet de la tour une partie du bâtiment était visible. Comme les arbres des crêtes étaient sur sa propriété, donc que la nouvelle situation avait été créée de son fait, monsieur le marquis a fait replanter des arbres au sommet de sa colline.

Je voyais monsieur le marquis de temps en temps dans le cadre des relations de bon voisinage. Il se trouve qu'avec monsieur le marquis nous avons le même ancêtre il y a dix-sept générations, Louis de Mark consul de France à Tripoli, conseiller au Parlement de Provence anobli en 1510 par Louis XII, roi de France. C'est le père d'Antoine de Mark-Tripoli de Panisse-Passis ancêtre de monsieur le marquis actuel et de sa sœur, Anne de Mark de Châteauneuf née en 1505 mariée à Jean-Baptiste de Bus (1495-1575) consul de Cavaillon, tous deux mes ancêtres directs. En 1742, le fief devient un marquisat.

En 1967, peu d'années après, l'implantation de l'usine de TIF, Motorola concurrent de TI qui voulait s'installer en France et qui avait les mêmes critères d'implantation que TI entre autre au sujet de l'aéroport international aurait bien aimé s'implanter dans les Alpes Maritimes. Les organismes d'aménagement du territoire firent en sorte que l'installation se fasse à Toulouse où des conditions très favorables étaient présentées par les responsables locaux, comme le terrain de 20 hectares au quartier du Mirail vendu pour 1 franc. La Compagnie Internationale d'Informatique (CII), crée dans le cadre du plan calcul français en 1966, ira également à Toulouse.

Etienne-Jean Cassignol universitaire toulousain, dont le management de Motorola fait la connaissance lors de la visite de son laboratoire à l'université toulousaine, devient le PDG de Motorola France. Nous recevons la consigne de Dallas d'accepter de faire visiter l'usine de Villeneuve-Loubet à une délégation de Motorola, ce qui me vaudra en retour d'aller visiter l'usine de Toulouse lorsqu'elle sera en fonctionnement. En faisant visiter l'usine j'apprends beaucoup de choses sur Motorola par déduction des questions qui me sont posées.

Motorola est une entreprise issue de la société Galvin Manufacturing Corporation, créée en 1928 dans la banlieue de Chicago par Paul Galvin, elle prendra le nom de Motorola en 1930. En 1941, elle commercialise le talkie-walkie militaire. (émetteur-récepteur radio mobile servant aux liaisons radiotéléphoniques tout en se déplaçant à pied, d'où son nom). La société Motorola a créé de nombreux produits universellement connus en dehors du talkie-walkie, l'autoradio, les premiers récepteurs de télévision en couleur de même qu'elle est parmi les premières sociétés qui ont développé et commercialisé des téléphones cellulaires.

Le marché français des semi-conducteurs et plus généralement le marché des pays de la communauté européenne facile à servir depuis la France, intéresse toutes les entreprises américaines fabricant des composants électroniques comme TI et Motorola. General Electric propose au début de 1968 de racheter la part de Thomson dans la SESCO pour faire de cette firme sa tête de pont en Europe. Le gouvernement français s'y oppose et favorise le rapprochement entre la COSEM, filiale de la C.S.F. et la SESCO, pour former la SESCOSEM, rapprochement qui est grandement facilité par la fusion de Thomson et de C.S.F, qui donne la société Thomson-CSF.

La fusion s'est faite sans trop de difficultés, car les productions des deux firmes sont en grande partie complémentaires. L'usine d'Aix-en-Provence, qui dépendait de la SESCO, donc du groupe Thomson, fabriquait essentiellement des transistors, des thyristors et autres dispositifs de puissance. Alors que la COSEM fabriquait des diodes et des transistors petits signaux.

Pour TI, au début, le monde est formé de deux zones géographiques, celles où il est envisageable de commercialiser les produits TI : le continent américain et le reste nommé l'Europe. Puis TI crée une zone asiatique. Au fil du développement des activités en Europe ont été distinguées différentes zones, l'Europe du Nord avec sa direction en Angleterre à Bedford à environ 75 kilomètres au nord de Londres, comprenant la Grande Bretagne, l'Irlande du sud et la Scandinavie, puis l'Europe centrale gérée depuis Freising en Bavière près de Munich, comprenant l'Allemagne, l'Autriche et la Suisse, puis l'Europe du Sud , c'est à dire tout le reste, la France, le Benelux , l'Italie qui s'est rapidement émancipée lorsque l'usine de Rieti à 80 kilomètres au Nord Est de Rome a été construite. Par élimination, le reste de « l'Europe », c'est-aussi l'Espagne, le Portugal, mais encore l'Afrique et le Moyen Orient, le tout était géré par TIF. Une direction Europe sous la responsabilité de Stewart Carell est alors créée et basée à Villeneuve-Loubet. La direction européenne n'étant pas une entité légale, utilisait toute la logistique de TIF. Le directeur européen était bien évidemment le supérieur hiérarchique des PDG de TIL (Texas Instruments Limited) en Angleterre, TID (Texas instruments Deutschland) et de TIF, puis de TII (Texas Instruments Italie) mais c'était un employé de TIF au vu de l'administration française.

TIF a apporté un support logistique à la filiale italienne pendant la construction et le démarrage de l'usine d'Italie à Rieti, en particuliers pour la formation des jeunes opératrices italiennes qui s'est déroulée à Villeneuve-

Loubet pendant la fin de la construction de l'usine en Italie. Les « mamas » italiennes ne voulant pas laisser aller leurs filles sans surveillance en France pour plusieurs semaines, le responsable du personnel italien, a finalement obtenu leur accord en échange de l'engagement que ces demoiselles en dehors de l'usine de Villeneuve-Loubet soient chaperonnées par des « bonnes sœurs » de Rieti !

Au début, TIF a un service informatique constitué d'un atelier de perfo-vérifs, qui enregistre les informations à traiter sur des cartes en perforant celles-ci puis en les lisant pour voir si la perforation a été correcte, mais n'a pas encore d'ordinateur, le seul ordinateur de calcul existant dans les Alpes Maritimes un IBM 7094 est celui du centre de recherche d'IBM à La Gaude à environ vingt kilomètres. Tous les jours les cartes perforées y sont amenées pour y être traitées. En 1965, pour pouvoir faire un programme pour faire des calculs entre autre de prix de revient j'apprends le Fortran (FORmula TRANslator) premier langage informatique développé en 1954 par IBM. Cela permet d'utiliser le 7094 par opérateur IBM interposé.

Le 7094 a comme unité d'entrée un autre ordinateur, un IBM 1401 qui lit les cartes perforées. L'ordinateur 1401 à l'origine du développement duquel est Maurice Papo qui deviendra directeur scientifique d'IBM France et que j'ai rencontré de nombreuses fois car nous sommes entre autre membres fondateurs de la technopole de Sophia Antipolis, projet de Pierre Lafitte à l'époque directeur de l'école de Mines de Paris.

Le mot ordinateur existait déjà, il est utilisé pour franciser le mot anglais computer. Il aurait pu être traduit par calculateur, mais les responsables d'IBM France pensaient, que ce nom était très restrictif par rapport aux possibilités de cet équipement. Ils ont donc recherché un nom plus adapté et pour cela ont fait appel en 1955 à un spécialiste de philologie, le professeur Jacques Perret. Celui-ci proposa, *« ordinateur » en pensant au mot « ordinator » qui en latin veut dire « qui met de l'ordre »*. En France, dans le langage populaire de l'époque un ordinateur est souvent appelé *« un IBM »*, du nom de la marque de ce type d'appareil la plus connue. Bien avant, en France un ordinateur a commencé par s'appeler *« une machine Bull »*. C'est chez Bull que son directeur Philippe Dreyfus, inventa le nom "informatique" à partir des mots "information" et "automatique".

5 -- *Les circuits intégrés*

Plusieurs sociétés se mettent à produire des circuits intégrés, en payant des royalties à TI et à Fairchild, mais c'est lorsque TI commercialise un circuit à base de transistors bipolaires baptisé Transistor-Transistor-Logic ou plus simplement TTL que cette forme de circuit devient très utilisée en informatique, pour les appareils de contrôle industriels, pour les appareils de test, l'instrumentation.

TI commercialise d'abord une version militaire, c'est-à-dire respectant la norme standard militaire MIL-STD, pouvant fonctionner dans une plage de température de de -55 °C à +125°C, avec boitier céramique : la série 5400. Puis, peu après, la série 7400 est lancée pour un usage général et le succès vient vraiment en 1966 avec le nouveau boitier en plastique surmoulé, le « Dual Inline Packaging », c'est-à-dire un boitier plastique avec deux rangées parallèles de broches.

Le DIP, parfois appelé DIL qui devient un vrai standard adopté par pratiquement toute la profession, les américains AMD, Fairchild, Intel, Intersil, Motorola, National Semiconductor, Sylvania,... les européens SGS-Thomson, Siemens ... mais aussi, même des sociétés du bloc soviétique.

La série 7400 comporte une centaine de types numérotés de 7400 à 7499.

Exemple de TTL

7400 : quatre portes logiques NON-ET à deux entrées
7401 : quatre portes logiques NON-ET à deux entrées avec sortie à collecteur ouvert

 7402 : quatre portes logiques NON-OU à deux entrées

…………………………

7404 :	six	portes	logiques	inverseuses	NON
7405 : six portes logiques inverseuses NON avec sortie à collecteur ouvert

……………………………………

7425 : Double porte NON-OU à 4 entrées avec validation trois portes logiques NON-OU à trois entrées
7428 : quatre portes logiques NON-OU à deux entrées avec buffer

………………………………………

7433 : quatre portes logiques NON-OU à deux entrées avec buffers et sortie à collecteur ouvert

…………………………………

Par la suite la série sera complétée bien au-delà des cent premiers types ; Exemples
74187 : Mémoire morte de 1024 bits (256x4) avec sortie à collecteur ouvert

……………………………

74314 : mémoire RAM de 1024 bits
74314 : mémoire RAM de 1024 bits

………………………

74888 : Processeur 8 bits en boîtier DIP
74889 : Processeur 8 bits en boîtier QFP

En 1965, un article du magazine "Electronics" intitulé *"Entasser plus de composants dans les circuits intégrés"* et signé par le directeur de la recherche et du développement de Fairchild semiconductors, Gordon E. Moore dit que **« *le futur de l'électronique intégrée est le futur de l'électronique elle-même* »**. Autrement dit se seront les puces qui feront la loi dans l'avenir. L'année où parait cet article, le circuit le plus performant comporte 64 transistors. Pour entasser plus de composants, il faut qu'ils soient de plus en plus petits et comme ils sont fabriqués par photolithographie il faut que les gravures soient de plus en plus fines.

Constatant que « *le nombre de composants par circuit double tous les ans, à coût constant* », Moore, estime que cette tendance continuera et que « *dans cinq ans il y aura 1000 composants par circuit* », ce qui se produira.

Gordon Moore lui-même en conclut à la fin des années 60 « *qu'il serait bientôt possible de fabriquer des mémoires électroniques de façon économique* ». Le graphique sur l'évolution de la complexité des circuits intégrés qu'il a publié dans Electronics montre en effet que « *les circuits intégrés ne tarderont pas à devenir compétitifs par rapport aux noyaux magnétiques qui sont alors utilisés pour stocker les informations dans la grande majorité des ordinateurs. En d'autres termes, les coûts de revient des mémoires électroniques vont devenir inférieurs à ceux des noyaux magnétiques, ce qui leur ouvrira un grand marché dans l'industrie informatique* ». Ce raisonnement amène logiquement Moore et Noyce à fonder une société et de positionner leur « start-up » sur ce marché. Cette constatation suivie de cette prévision est en 1965 :

La première "Loi de Moore": *La complexité des composants semi-conducteurs double tous les ans à coût constant.*

La société fondée par Moore et Noyce s'appelle Intel. Intel est la contraction de « INTégrated ELectronic ».

La complexité d'un circuit intégré peut être mesurée par le niveau d'intégration (en anglais scale integration) qui définit le nombre de portes logiques par boîtier.

Niveaux de complexité des circuits intégrés

-SSI Small-Scale intégration, intégration à petite échelle obtenue en 1964, intègre de 1 à 10 transistors

-MSI Médium-Scale Intégration, intégration à échelle moyenne obtenue dès 1968, intègre de 10 à 500 transistors donnant 13 à 99 portes.

-LSI Large Scale intégration, intégration à grande échelle obtenue en 1971, intègre de 500 à 20 000 transistors donnant 100 à 9999 portes.

-VLSI Very Large Scale intégration, intégration à très grande échelle possible en 1980, intègre de 20 000 à 1 000 000 transistors donnant 10 000 à 99 999ortes.

-ULSI Ultra Large Scale Intégration, intégration à Ultra grande échelle atteinte en 1984, intègre 1 000 000 et plus de transistors donnant 100 000 portes et plus.

6 – Comment doubler la complexité des composants semiconducteurs à coût constant

La loi de Moore n'est pas une loi au sens scientifique du terme. Mais, dans l'esprit des dirigeants des entreprises de composants semiconducteurs, comme ils ne la mettent pas en doute, cette prévision est devenu l'objectif que les entreprises doivent obligatoirement atteindre sous peine d'être distancés par la concurrence qui est sensée y arriver puisque la loi de Moore le dit ! Pour être sûres d'y arriver toutes les entreprises se lancent dans des programmes de recherche et développement en particulier sur les finesses de gravure du silicium et dans des programmes de réduction des coûts. Ces derniers ayant d'ailleurs des retombées y compris dans d'autres secteurs que l'électronique. Il est possible de dire que la loi de Moore est une constatation extrapolée. Intel, dont l'auteur de la loi, Gordon E. Moore est un des fondateurs, s'est consacré à la respecter scrupuleusement ce qui a fait sa réussite, de même que celle des fabricants de matériels utilisant les microprocesseurs.

Après la sortie de l'ordinateur individuel le PC, cela a permis à une fréquence de l'ordre d'environ 3 à 4 ans de tenter les utilisateurs de micro-informatique d'une manière parfois très directive afin qu'ils remplacent les matériels qu'ils utilisent par des matériels plus performants, aidé en cela par le vendeur de logiciels. Le volume d'affaires rentables ainsi généré permit un investissement dans la réalisation d'installation de gravures de plus en plus fines qui permettent de fabriquer des composants encore plus performants et donnent l'occasion aux fabricants d'équipements de proposer des produits aux performances de plus en plus tentantes. Déclenchant une sorte d'obsolescence mentalement imposée, parfois imposée aussi par les logiciels devenus obsolètes ou par les nouveaux logiciels exigeant des caractéristiques des matériels plus poussées. Comme indiqué d'une manière humoristique dans :

« Les lois de Donald » sur la perte de performance des ordinateurs :

1- un PC devient lent et difficile à utiliser dès qu'un membre de la famille, un ami ou un voisin met en fonctionnement celui qu'il vient d'acheter ou s'il s'agit d'une entreprise dès que celui d'un des autres employés du service a été remplacé par un neuf.

2- Plus le nombre de machines neuves aux alentours croit, plus un PC devient obsolète pour finir par être rapidement inutilisable ».

Ce renouvellement socialement forcé, permet de débloquer les lourds investissements nécessaires à l'évolution des techniques de gravure, et ainsi de suite débutant une spirale bénéfique pour ce secteur d'activité !

Par conséquence, s'il est possible de fabriquer une puce deux fois plus complexe au même prix qu'une puce de génération précédente, cette dernière est donc dévalorisée et son prix doit donc être inférieur au prix de la nouvelle puce (deux fois plus complexe) et donc doit être abaissé d'où la nécessité de réduire en permanence les coûts de revient des produits existants, d'où des programmes de réduction des coûts tout azimut. Le coût de revient considéré étant le coût de revient global y compris les frais hors production, les réductions des coûts porteront sur tous les secteurs de l'entreprise. TI se lance donc dans la mise en place d'un programme appelé « *Price leadership* » *en tête en terme de prix* qui prône que TI doit être à l'avant-garde en terme de baisse des prix de vente, parce que à l'avant-garde en ce qui concerne les baisses de coûts de revient, puisqu'il n'est pas question de vendre à perte, ni de réduire la marge sur chaque produit. Ce programme englobe tous les programmes de réduction des coûts utilisant des méthodes développées en interne ou développées en dehors de TI. Sont aussi prises en compte les méthodes pouvant planifier la réduction des coûts comme les courbes d'apprentissage et d'expérience, ce qui est justement aussi le cas de la loi de Moore. Texas Instruments dans son programme « Price leadership » utilise toutes les méthodes existantes, comme telles ou en les adaptant et privilégiant un certain nombre d'entre elles et en développant de nouvelles. TI deviendra un spécialiste de la réduction des coûts. Les principales méthodes appliquées sont :

Le DTC (Design To Cost), la conception à coût objectif

La méthode a été expérimentée en 1970, pour les services de recherche de Texas Instruments. Le principe de base est que la performance économique, c'est-à-dire le coût de revient doit être considéré dans le cahier des charges définissant le projet, au même titre que la performance technique du produit à développer.

C'est Fred Bucy vice-président de TI, mais président de la commission en charge de réduire les coûts dans les commandes du ministère de la Défense américaine qui a diffusé cette méthode entre autre dans la publication du 15 mars 1973 : « *Pratique commerciale comparée aux pratiques du département de la Défense* ».

Cette méthode était basée sur l'observation à l'époque, suivante : « *chaque fois qu'un nouvel avion militaire est fabriqué le coût est supérieur à celui du modèle précédent. L'extrapolation faite en 1973 de l'évolution du coût unitaire d'un avion d'un nouveau modèle, l'année de sa mise en service, indiquait que si rien n'est fait pour changer cette tendance, serait en 2050 égal au budget total extrapolé de la Défense des Etats-Unis, et le coût d'achat en 2100 serait égal au Produit National Brut extrapolé des US, ce qui n'est pas concevable* ».

Donc, pour des productions en série, une baisse régulière dans le temps doit être planifiée avant la mise en production. Puis la pression sur les coûts doit être maintenue pendant toute la durée de vie du produit.

L'analyse de la valeur- (VA - Value Analysis)

La méthode crée vers 1946, par Laurence D. Milles directeur des achats chez Général Electric est gardée secrète pendant près de 20 ans. Puis au gré du départ des cadres la méthode se diffuse. Elle repose sur l'analyse d'un produit pour trouver toutes les fonctions remplies par celui-ci, puis pour rechercher quelles sont les fonctions utiles au client réalisées par le produit et quelles sont les fonctions inutiles au client que l'on peut donc supprimer sans dégrader l'image du produit aux yeux des utilisateurs ?   J'effectue un stage pour me familiariser avec la méthode et la mettre en place à TIF. Par exemple les broches dorées des transistors qui mesuraient à l'origine d'après la norme, 50 millimètres de long, ce qui les rendait très déformables, nécessitaient en fin de fabrication un redressage difficile à faire et un emballage qui permettait le transport sans détérioration de ce redressage. Comme les clients utilisateurs commençaient par couper les broches avec une longueur toujours inférieure à 15 mmm de longueur, cela voulait dire que les autres 35 mm ne servaient à rien. Il a donc été décidé de raccourcir la longueur des broches qui par la même ne nécessitent plus de redressage car beaucoup plus difficile à déformer et donc les transistors peuvent être livrés en vrac. La longueur des broches est donc passée de 50 à 15 mm soit une réduction de 70 % de longueur de fil utilisée donc du coût matière. A ce gain il faut rajouter le gain sur l'or remplacé par de l'étain, le gain sur l'emballage individuel matière et main-d'œuvre comptées.

Autre exemple : le capot nickel et l'embase dorée avec traversées en perle de verre qui   sont des pièces couteuses des boitiers métalliques de transistors sont remplacés par un   surmoulage d'époxy pour les composants de faibles puissances, de pièces métalliques faisant fonction de broches étamées, l'époxy étant un isolant.

Le calcul des temps prédéterminés.

Cette méthode a vu son extension pendant la deuxième guerre mondiale, les syndicats américains ayant accepté de participer à l'effort de guerre national en échange entre autre de la suppression du chronométrage des personnels au travail qui permettait d'établir les temps main d'œuvre nécessaires à chaque opération par prise en compte du jugement d'allure. Le chronométrage est remplacé par des tables de temps beaucoup plus précises construites statistiquement pour réaliser les mouvements élémentaires avec lesquels il est possible de reconstituer toute opération industrielle manuelle. Les méthodes de calcul des temps prédéterminés les plus diffusées sont le MTM (Method Time Mesurement), le BTE (Bureau des Temps Elémentaires), la MTA (Motion-Time Analysis), la MTS (Motion Time Standards), la MOST (Maynard Operation Sequence Technique)... et le Work Factor. Cette dernière méthode est la plus adaptée aux semi-conducteurs en termes de poids et de tailles des produits manipulés et de types de mouvements à effectuer par les opérateurs, en particuliers les travaux de précision exécutés sous microscope binoculaire avec des brucelles. Les temps sont calculés en dmh, dix millième d'heure. Cette méthode permet l'établissement des temps standards avant le début de la production ou de la matérialisation des postes de travail. Elle permet à priori la comparaison de différents procédés de fabrication et donc de choisir le plus performant en terme de coûts de revient.

Les courbes d'apprentissage et les courbes d'expérience.

La notion de courbes d'apprentissage, c'est à dire la connaissance de l'évolution du temps main d'œuvre directe nécessaire pour réaliser un produit en fonction des quantités cumulées produites, était déjà connue. En 1966, le Boston Consulting Group (BCG) décida d'analyser comment évolue le coût de revient total d'un produit en fonction de l'expérience de fabrication. Pour cela il fut décidé de faire cette étude en utilisant les informations en provenance de l'industrie des semi-conducteurs, vu les grands volumes de fabrication qui permettaient d'avoir des données statistiquement valables. Texas Instruments participant activement à cette recherche, et, très impliqué dans les programmes de réduction des coûts, j'ai été chargé de faire parvenir au BCG les informations chiffrées nécessaires à cette étude. Le résultat est que pour la plupart des semi-conducteurs le coût de revient diminue de 20 à 30 % quand la quantité cumulée de produits fabriqués double. Pour les circuits intégrés c'est-à-dire les puces, ce chiffre est de 24 %. Dans ce cas-là, il est dit que le taux de la courbe d'expérience est de 76%. *« Quand, dans un atelier la quantité produite cumulée de circuits intégrés double, le coût de revient n'est plus que 76% du coût de revient lorsque la quantité produite cumulée était moitié ».* Cette information est très importante pour faire des prévisions ou pour amplifier les programmes de réduction des coûts.

La simplification du travail (Work Simplification)

La suppression de l'opération le redressage des broches des transistors obtenue en réduisant leur longueur donc en augmentant leur raideur, la suppression de l'emballage unitaire par l'emballage en vrac sont des opérations de simplification du travail. *« La plus grande réduction du coût d'une opération est sa suppression ».* Auparavant, les puces se trouvant sur la tranche de silicium étaient découpées par sciage, puis mises en vrac et pour les souder sur l'embase il fallait, les prendre une par une et les orienter correctement. Un gain important a été réalisé en maintenant les puces après sciage au même emplacement ce qui conservait leur orientation et permettait une préhension automatique.

Le Budget Base Zéro (BBZ) méthode développée par TI

Par opposition aux méthodes classiques de prévision dont le principe est l'incrémentation des budgets passés, le Budget Base Zéro est une justification à nouveau de toutes les dépenses en partant de zéro. Toutes les dépenses sont classées par dossier élémentaire. Il y a trois catégories de dossier:

1 - le dossier porte sur la fonction d'une personne avec les coûts directs de celle-ci (salaire + charges sociales) et les coûts associés indispensables pour son activité (frais de bureau, télécommunications, voyages indispensables)

2- le dossier porte sur des dépenses optionnelles associées à une personne (voyages optionnels, documentation, formation....)

3- Le dossier ne porte que sur des dépenses non liées à une personne (logiciel, publicité, services extérieurs, matériel...)

Le dossier comprend : les avantages à réaliser cette fonction, les améliorations pouvant y être apportées, les performances liées à la fonction et leurs évolutions, les solutions de rechange, les conséquences en cas de suppression. Le président des Etats Unis Jimmy Carter sera, un des supporters de cette méthode mise en place dans l'administration américaine et qui a été appliquée en premier au ministère des affaires étrangères avec entre autres conséquences, la suppression du consulat des Etats Unis à Nice au grand dam des américains travaillant à Villeneuve-Loubet et dans le reste du département. La méthode du Budget Base Zéro intéressa également le PDG de la revue Play Boy qui demanda des conseils à TI.

Chez TIF nous avons découvert par cette méthode qu'il était possible de ne pas utiliser les services (payants) d'un transitaire en douane à condition de se faire agréer transitaire par l'administration des douanes. Celle-ci ne voulait pas accréditer une personne morale comme TIF, mais une personne physique pour « *savoir qui mettre en prison en cas de fraude* » nous avaient dit les responsables douaniers. Il fallait donc dans la demande mettre le nom d'une personne ayant des responsabilités dans l'entreprise, et je voulais expliquer au PDG de l'époque Pierre Bonelli, que c'est logiquement son nom qui allait être indiqué mais il me dit avant la fin de ma phrase : *« pas de problème mets ton nom »*. Voilà comment on devient transitaire en douane en plus des autres fonctions.

La maladie des travaux en cours développée chez Texas Instruments par Earl R. Gommersall

Ayant constaté que les stocks sont sécurisants, que la diminution des stocks, principalement des en-cours est anxiogène il en a déduit les lois suivantes

Première loi - Lorsque le volume des travaux en-cours a été une fois constitué, il tend à se maintenir à un niveau constant, tant que ne se produit pas un événement important qui permet de le réduire.

2° loi - **La cadence de travail baisse, lorsque baisse le niveau des travaux en cours** (c'est vrai aussi en dehors des ateliers, par exemple dans un service d'établissement de factures, si le nombre de factures restant à faire baisse, la cadence pour faire celles qui restent baisse aussi.)

3° loi - **La cadence de travail s'élève lorsque le volume des travaux en-cours dépasse le « niveau de sécurité »,** niveau à partir duquel le personnel n'éprouve pas de crainte à réduire les en-cours, car il n'a pas peur de manquer de travail et des conséquences sur la sécurité de son emploi. Cette loi rend possible qu'une partie importantes des expéditions puissent s'effectuer dans la dernière semaine du mois.

4° loi - Le volume des travaux en--cours à un poste de travail tend à être inversement proportionnel au temps de travail par pièce et par poste.

Chez TIF, comme dans les autres entités de TI, pour optimiser la facturation mensuelle toutes les fins de mois un évènement était créé pour réduire les en-cours, c'était atteindre l'objectif de facturation du mois. Il était connu de tout le monde et affiché, et le niveau de facturation atteint chaque jour voire chaque heure en fin du mois, affiché en temps réel. Plus la fin du mois (appelée billing) approchait plus le personnel (ouvriers, techniciens, cadres à tous les niveaux compris), fournissaient de l'énergie car il n'était pas imaginable que l'objectif ne soit pas au moins atteint mais dépassé si possible. Cela devenait presque du folklore de voir travailler tout le monde, y compris après 22 heures le dernier jour du mois où les opératrices n'ayant pas légalement le droit de travailler étaient parties. Si nécessaire, les cadres tous niveaux hiérarchiques confondus, se substituaient à elles pour que l'objectif soit atteint, tous les participants étant hypermotivés. L'objectif atteint, les cadres du service contrôle financier venaient vérifier si l'inventaire physique était correct, car dès le lendemain ils devaient établir les comptes financiers mensuels qui devaient être finalisés pour le quatrième jour ouvrable du mois suivant.

La certification des personnels de production

C'est un programme qui permet de qualifier les personnels de production, en fonction de la qualité du travail jugée statistiquement et d'adapter les fréquences de contrôle de la production en fonction du niveau de qualité de chacun. L'aspect psychologique est important, il y a une reconnaissance officielle du niveau de qualité que ce personnel cherche à conserver lorsqu'il a le niveau supérieur, ou à atteindre pour ceux qui ne l'ont pas encore d'où un double gain au niveau de l'entreprise, la baisse des coûts de revient venant de la diminution du nombre de rebuts et de la diminution des contrôles donc de leur coût et un double gain au niveau des personnels de production, un gain psychologique de reconnaissance de la compétence et un gain financier dans le cadre des augmentations du salaire au mérite. Chez TIF ce programme a été mis en place et développé par Michel Orts du service contrôle de la qualité le QA et Robert Legrand responsable de l'engineering.

Programme d'amélioration par équipe

Lancé par Bill Dees, un chef d'atelier de Dallas qui avait fait partie de l'équipe venue du Texas pour aider au démarrage de TIF à Nice en 1962. Je l'ai rencontré lors de ma première visite à Dallas où apprenant la venue de quelqu'un de TIF il avait souhaité que nous nous rencontrions et j'avais eu droit à une explication détaillée de sa méthode. L'idée de Bill mise en place d'une manière très pragmatique pris le nom de TIP (Team Improuvment Program), programme d'amélioration par équipe. Elle est conçue pour assurer la continuité et la systématisation de la réduction des coûts. Les propositions étant faites par les opératrices avec l'aide de leur chef de ligne. Ce programme demande aussi un effort de groupe de la part des opératrices, sous la conduite de leur superviseur, pour améliorer la présentation de la ligne, les performances, l'assiduité, la diminution du pourcentage des rejets et autres aspects spécifiques au bon fonctionnement de la production.

Les Japonais créeront quelque chose de similaire avec les « cercles de qualité ».

La motivation du personnel

Ce n'est pas la moindre des méthodes de réduction des coûts et celle qu'il faut faire en premier, pour avoir du personnel motivé entre autre à réduire les coûts. La condition primordiale pour cela est que le personnel ne se sente pas menacé par les réductions des coûts. Il faut qu'il soit sûr que cela ne donnera pas naissance à une réduction des effectifs qui amènera des licenciements, s'il s'agit de gain de productivité, mais à une augmentation des volumes de vente (donc de production) permise par la baisse du prix de vente rendue possible par la réduction du coût de revient. Une autre condition est que le personnel bénéficie des économies faites par l'entreprise en recevant une partie de ces économies. Dans toute ma carrière, mes interventions ce sont toujours soldées par des réductions de coûts qui ont permis d'augmenter les volumes des commandes grâce à une baisse du prix de vente, ce qui a justifié des recrutements et une augmentation des salaires, donc du personnel motivé pour faire de nouvelles réductions des coûts. L'augmentation du volume des ventes justifiant à son tour une réduction du coût de revient du fait de la répartition des frais généraux sur un plus grand nombre de produits fabriqués, ceci étant le début d'une spirale vertueuse.

Même aux USA toutes les entreprises n'appliquaient pas ces méthodes. Des années après avoir quitté TI, je dirigeais une société française de composants électroniques la société Sfernice. J'y avais transféré les technologies de fabrication et les méthodes plus performantes des semi-conducteurs dont les méthodes de réduction des coûts et entre autre l'utilisation des tranches de silicium comme substrat des résistances couches minces, plus faciles à découper que l'alumine. Nous avions acheté une entreprise de composants électroniques qui était rentable, bien gérée par un américain titulaire d'un MBA, mais qui ne connaissait aucune de ces méthodes formelles de réduction des coûts couramment utilisées chez TI et qui pouvaient optimiser la rentabilité dans des proportions importantes en les utilisant. J'avais l'intention d'en mettre progressivement certaines en place sans bousculer le responsable afin qu'il ait le temps de s'en approprier les concepts et que cela devienne son projet. Assez rapidement, j'ai eu droit à la remarque suivante : « *il faut que vous sachiez me dit-il que ces méthodes françaises ne peuvent pas s'appliquer en Amérique !* ». C'était du NIH à l'envers sans le savoir. L'effet NIH (Not Invented Here, Non Inventé Ici), sous-entendu, « il pensait que *ce n'est pas bon car il pensait que cela n'avait pas été développé en Amérique. S'il avait pensé que cela avait été inventé en Amérique, il aurait pensé que cela était bien* » !

C'est pour avoir été immergé totalement dans toutes ces méthodes de réduction des coûts que par la suite alors que la mondialisation a exacerbé la concurrence que j'ai été amené à développer la méthode du cout asymptote instantané. Le Coût Asymptote Instantané d'un produit (ou d'un service) est le coût de revient unitaire global minimum qu'il est possible d'atteindre à un instant donné en utilisant d'une manière optimale tous les moyens disponibles dans le monde pour avoir le prix de vente le plus compétitif possible, permis par le coût de revient le plus bas. Ce coût est asymptote à un instant donné, puisque si toutes les possibilités existantes dans le monde pour le réduire à ce moment-là sont utilisées, il n'est pas possible de faire mieux, et il est instantané puisqu'il s'agit d'utiliser des méthodes qui existent et ont fait leurs preuves, donc utilisables sans délai de développement. Or même dans les entreprises qui appartiennent à un secteur d'activité soumis à une forte pression sur la baisse des prix, les entreprises n'utilisent que quelques pour cent des possibilités existantes pour réduire les coûts de revient.

Dans la fabrication de composants électroniques semi-conducteurs, à la fin des années 60 et au début des années 70, beaucoup d'opérations de production sont manuelles, d'où la nécessité de réduire le coût main d'œuvre donc d'augmenter la productivité. Dans ce cas-là beaucoup de personnes auraient tendance à demander aux exécutants de travailler plus vite, mais cette méthode atteint rapidement ses limites psychologique et physiologique. Dans les sociétés de semi-conducteurs, il y a beaucoup d'ingénieurs électroniciens et quand il leur est demandé de diminuer le coût main d'œuvre c'est-à-dire de diminuer le temps d'intervention des ouvriers sur chaque pièce, ils ont tendance à inventer des systèmes dans lesquels les ouvriers font toujours la même opération, mais sur plusieurs pièces à la fois. A la même demande, les ingénieurs mécaniciens ont tendance à construire des machines automatiques qui travaillent pièce par pièce mais de plus en plus vite. Si la demande de réduire le coût est réitérée, ce que les ingénieurs électroniciens proposent c'est un système qui permet de travailler sur encore beaucoup plus de pièces à la fois. Les ingénieurs mécaniciens proposent de construire des machines automatiques qui vont encore plus vite. Les ingénieurs généralistes ont tendance à rechercher des solutions qui combinent les deux concepts ou des solutions sorties de la pensée latérale.

En ce qui concerne les puces de silicium, cela revient dans le cadre du front end (partie amont de la production) à continuer à réaliser les puces sur une tranche circulaire de silicium sans modifier significativement les différentes manipulations à faire sauf à les mécaniser, mais en augmentant le diamètre des tranches, c'est à dire en augmentant le nombre de puces par tranche. Les tranches que tout le monde dans la profession appelle des « Wafers » sauf chez TI, où c'est le nom de « slice » qui est utilisé, le « wafer » chez TI, étant ce qu'ailleurs est appelé « chip ».

Ainsi en passant d'un diamètre donné à un diamètre double, le nombre de chips sur chaque tranche est multiplié par quatre. Au fil des ans, les tranches sont passées respectivement d'un diamètre de 0,5 pouce en 1960, à 1 pouce, puis à 1,5 pouce, puis à 2 pouces, suivi de 2,5 pouces, puis 3 pouces, 4 pouces, 5, 6, 8 pouces, jusqu'à 300 millimètres en 1998 approximativement 12 pouces (11,80 en réalité). Une tranche de cette taille a 576 fois la surface d'une tranche de 0,5 pouce. Si la taille des puces n'avait pas été augmentée à cause de celle de la complexité des puces, (augmentation limitée par des gravures de plus en plus fines), le coût main d'œuvre des opérations de photolithographie aurait été diminué du même facteur soit divisé par 576. Par ailleurs, le nombre de puces produites par tranche augmente plus rapidement que le coût de production de la surface supplémentaire par puce. Donc en augmentant la taille des tranches les coûts main d'œuvre et les coûts matière des puces sont diminués. Il y a en projet des tranches de 450 mm qui devraient voir le jour au début des années 2020.

En ce qui concerne le back end, partie finale de la chaine de production qui comprend le montage, la connexion et l'encapsulation des puces, le support sur lequel sont soudées les puces n'est plus manipulé individuellement mais se présente sous forme de réglette (lead frame) ce qui permet de surmouler le boitier de plusieurs des composants en même temps. Le coût main d'œuvre est diminué et le coût matière aussi.

Les fabricants de composants électroniques utilisent bien évidemment l'électronique au moment de la conception du composant et en fin de production au moment du contrôle final, mais pour la fabrication utilisent des techniques très variées, qui portent sur le traitement de l'eau car ils utilisent de l'eau désionisée, de l'air pour contrôler l'empoussièrement et l'hygrométrie, des effluents qu'il faut traiter à cause des produits chimiques utilisés. Ces techniques sont aussi celles de la thermique, de la chimie, de la mécanique, de la plasturgie, de la métallurgie fine essentiellement du silicium, mais aussi des alliages qui interviennent dans les soudures,....d'où des coûts nombreux et variés et de nombreuses occasions de les réduire. Par exemple la fabrication des puces et les opérations qui suivent nécessitent l'utilisation de gros volumes de gaz neutres comme l'azote ou réducteurs comme l'hydrogène pour éviter l'oxydation et pour dégazer les semi ouvrés utilisés comme les capots de nickel, ou de l'oxygène pour effectuer des soudures sans oublier des gaz dangereux comme le silane ou des arsines et des phosphines (qui étaient utilisées dans les gaz de combat) pour faire des implantations ioniques. Les gaz consommés en gros volume (azote, hydrogène, oxygène) proviennent soit de la distillation fractionnée de l'air liquide soit de l'électrolyse de l'eau. Mais, au coût de revient de leur production s'ajoute le coût du transport non négligeable par de très nombreuses grosses citernes semi- remorques depuis Fos-sur-mer pour le sud-est de la France, soit plus de 200 km pour livrer l'usine de Villeneuve-Loubet. Pour en faire baisser le prix, des investisseurs locaux ont été incités à créer une société, « La liquéfaction de l'air » avec une usine à Nice, donc avec des coûts de transport pour livrer l'usine de TIF très faibles.

Chez TI, toute modification est validée (ou invalidée) économiquement avec l'aide du service de l'Ingénierie industrielle, département des services centraux. Tous les gains et les dépenses ou les investissements nécessaires à la modification, chiffrés et la rentabilité calculée. Toute action rentabilisée en moins de six mois est lancée automatiquement, au-delà il est nécessaire d'avoir l'accord du comité des investissements.

L'exemple de réduction des coûts dans le groupe des diodes à Villeneuve-Loubet est spectaculaire. Début avril 1965, celui-ci fabrique entre autre 50.000 diodes de commutation par mois, ce qui est très largement insuffisant pour satisfaire la demande. Le volume produit est augmenté en rationalisant la production, en installant un testeur géré par ordinateur, en s'inspirant entre autre des méthodes d'assemblage développées à Dallas qui sont toujours manuelles, mais au lieu d'être pièce par pièce permettent au moins pour certaines opérations de manipuler plusieurs pièces à la fois, ces méthodes sont adaptés à la production locale par l'encadrement du groupe. Dix-huit mois plus tard, avec à peu près le même nombre d'opératrices et une surface occupée dans l'atelier légèrement plus grande, la production mensuelle est d'environ 5.000.000 de diodes, soit une productivité multipliée par cent.

Début 1967, je suis nommé manufacturing manager, responsable de la production de tous es produits fabriqués à Villeneuve-Loubet par un effectif d'environ 1500 personnes. Je suis aidé directement par François Funel, Jean-Paul Piotto et Charles Vicari qui ont chacun la responsabilité d'un groupe de produits et par Roger Désiré responsable de la maintenance des équipements de fabrication et par la secrétaire Michèle Audoli.

Cette année-là, TIF recevra de Dallas une machine de tri « la Super CAT » (Super Centralised Automatic Testeur) contrôlée par ordinateur TI capable de mesurer tous les paramètres d'un transistor dont certains en température et de classer les transistors en trente classes différentes qui sont définies en fonction du carnet de commandes. Michel Pinaud récemment embauché passera quelques-unes de ses nuits à programmer l'ordinateur avec des zéros et des uns. Deux ans plus tard il sera le responsable de TRW à Bordeaux, puis à Boston aux USA chez Schlumberger.

C'est l'occasion d'essayer de régler un certain nombre de problèmes observés, outre les problèmes d'organisation, les problèmes de gestion du personnel, dont celui des augmentations de salaire. En effet tous les six mois, tous les responsables de personnel doivent avoir un entretien individuel avec chacun des membres du personnel dont ils ont la responsabilité. Dans cet entretien, sont discutés les points forts et les points faibles de l'employé et le responsable doit indiquer un avis global résumé par une note d'ensemble. Si un budget d'augmentation des salaires est attribué, le responsable doit répartir ce budget et annoncer le nouveau salaire. Il n'existe pas de système de calcul de ces notes, qui sont attribuées par les responsables en fonction de critères au moins en partie subjectifs très difficiles à justifier, et donc pouvant donner lieu à contestation. Cette procédure n'est pas une simple formalité et pour les personnes concernées peut revêtir une grande importance puisqu'elle peut avoir un impact sur leur salaire.

L'objectif est d'établir un système de notation qui soit, indépendant du notateur enlevant à la note attribuée tout aspect arbitraire voulu ou non voulu, la note pouvant déclencher une augmentation de salaire au mérite personnalisée. Les critères choisis doivent être ceux qui caractérisent l'importance du travail de l'employé pour l'entreprise, en leur donnant une importance relative à celle qu'ils ont. La mise en place commence par la catégorie de personnel la plus nombreuse à savoir les opératrices (et opérateurs) de production. Le travail d'une opératrice de production peut être défini de la manière suivante : produire la plus grande quantité (1) de pièces bonnes (2) d'une manière régulière (3) en consommant la quantité minimum de matériau possible et en utilisant au mieux les équipements (4). Elle doit être capable d'effectuer ce travail sur différents postes (5) et coopérer au maximum à la bonne marche de la production (6). L'employé sera donc jugé sur (1) la qualité et (2) la quantité produite, (3) son assiduité et plus généralement sa régularité, (4) ses connaissances professionnelles, (5) sa polyvalence et ses capacités d'adaptation, (6) son esprit d'équipe. En analysant les notes obtenues nous les avons comparés aux résultats des tests d'embauche, or il n'y avait pas une corrélation complète, cela nous a conduit à modifier ces tests. Par ailleurs, l'analyse des notes de toutes les opératrices sur un même critère permet d'établir des plans d'action pour améliorer la performance globale de la production, le système de notation devient donc un système de gestion industriel. Ainsi par exemple, l'éventail des notes obtenues sur le critère qualité du travail, basé sur le pourcentage de pièces défectueuses produites par opératrice montre que certaines opératrices ne font pratiquement pas de défauts et que donc il n'est pas nécessaire de les contrôler à la même fréquence que les autres, d'où le programme dit de certification. Cela montre aussi que certaines opératrices sortent du lot car elles savent tout faire d'une manière parfaite et méritent une reconnaissance particulière, d'où la création de la qualification de première ouvrière, comme cela existe par exemple dans la haute couture. En comparant la note moyenne de chaque atelier sur un critère donné cela permet d'aider le chef d'atelier à mettre en place des actions spécifiques et à améliorer l'efficacité de sa gestion du personnel....

Le PDG de TIF veut présenter cette méthode au président de TI. L'occasion ne tarde pas à venir car, tous les trois mois, les principaux responsables de Texas Instruments viennent de Dallas pour la revue financière trimestrielle, la QFR (Quaterly Financial Review) dans laquelle il est question de la comparaison des réalisations avec les prévisions passées, des prévisions financières et des projets nouveaux. Le PDG de Texas France m'informe

que je dois faire la présentation du système de notation
pour les augmentations de salaire au mérite et son
utilisation pour la gestion industrielle lors de la prochaine
réunion trimestrielle annoncée pour la quinzaine
suivante. Les américains qui travaillent à Villeneuve-
Loubet me disent que si le Président Marc Shepherd
apprécie ma présentation, c'est une chance pour moi de
me faire remarquer favorablement, mais que s'il n'est pas
satisfait par ma présentation, ce peut être la fin de ma
carrière dans la société et que je le saurai rapidement. A
la fin du troisième jour, alors que les américains venus de
Dallas pensent, président en tête que l'ordre du jour est
épuisé, le PDG français dit qu'il aimerait que nous leur
montrions quelque chose qui intéresse la gestion du
personnel. Apparemment cela ne les enchantent guère.
Je débute ma présentation. Plus j'avance dans mes
explications plus Marc Shepherd fronce les sourcils et tout
d'un coup il se lève et fait part de son mécontentement et
d'autres remarques que je ne comprends pas bien à cause
de l'accent texan qu'à l'époque je ne maitrise pas encore
complètement. Je me tourne alors vers notre PDG Pierre
Clavier qui a un grand sourire, parce qu'en fait, c'est
contre ses collaborateurs américains que Mark Shepherd
fait part de son insatisfaction, leur disant qu'ils auraient
dû penser à développer un tel système car, *«depuis
longtemps le management et la majorité des salariés de
TI pensaient que les augmentations de salaire devraient
être basées au moins pour une partie sur le mérite et que
vu le nombre d'employés très important, il fallait mettre
en place une gestion industrielle plus pertinente»* et se

tournant vers moi, me dit qu'il veut me voir rapidement à Dallas pour mettre la méthode en place dans tout le groupe. Roy Seymour un américain de TI Dallas qui est en production à Villeneuve-Loubet depuis deux ans comme chef d'atelier, devant rentrer définitivement à Dallas se charge de retour aux US d'expliquer la méthode qu'il a utilisé à Villeneuve-Loubet, aux responsables concernés en l'appelant le «François Bus system», ce qui fait que par la suite lorsque je vais à Dallas, en voyant mon nom sur mon badge, les employés de TI sachant faire le rapprochement, m'en parlent. Le système d'augmentation au mérite est mis en place à Dallas rapidement, et je reçois pour cela des actions TI. L'année suivante, en France ce sont les évènements de mai 68. Le système de notation n'est pas contesté et au contraire, parmi les revendications présentées par les syndicats il est demandé qu'il soit utilisé pour déclencher les promotions pour être sûr qu'elles ne soient pas arbitraires.

7 - Développement de TIF

En 1969, beaucoup de choses se passent chez Texas Instruments France : en premier, la création d'un centre de recherche et de développement dans l'étude des circuits intégrés de technologie MOS (Métal Oxyde Silicium) avec la première salle blanche classe 100 construite en Europe. En simplifiant il est possible de dire que la classe d'une salle blanche est déterminée en mesurant le nombre maximum de particules de dimension supérieure à 0,5 micron par pied cubique d'air ambiant. Par exemple, dans une salle blanche de classe 100, il y a moins de cent particules de plus de 0,5 micron par pied cubique, dans une salle blanche de classe 1 000, il y a moins de 1 000 particules de plus de 0,5 micron, et ainsi de suite.

Autre décision en 1969, une fondation est créée pour aider financièrement les employés désireux de reprendre des études pour atteindre un niveau supérieur qu'ils n'ont pas pu atteindre présentement. Je suis nommé président de la fondation. Ainsi, par exemple, deux techniciennes du service du contrôle de la qualité (QA) pourront reprendre leurs études, rentrer à l'Ecole Supérieure d'Electricité (ESE) et devenir ingénieur. Mais la reprise des études ne se limite pas à des études du secteur de l'électronique, ainsi une opératrice de l'atelier de microsoudure des transistors, Danièle M. est aidée et peut présenter le concours d'entrée à l'Ecole Nationale d'Aviation Civile (ENAC) et le réussir (grâce à son travail de préparation) et par la suite passe toutes les qualifications nécessaires pour avoir son diplôme de pilote d'une compagnie commerciale. Après avoir terminé sa formation, se démenant comme un diable, elle trouve une place de pilote dans une compagnie d'aviation de troisième catégorie qui fait des évacuations sanitaires pour le compte des sociétés d'assurance. Puis le PDG de cette compagnie revient sur sa décision d'embauche arguant du fait de son âge et de son sexe. Danièle M. me demande de faire quelque chose pour le convaincre de l'embaucher. Je contacte un ami qui dit connaitre Jacqueline Auriol belle-fille de l'ancien président de la république Vincent Auriol et lui explique la situation. Jacqueline Auriol est la première femme pilote d'essai en France. Elle vole sur avion à réaction supersonique Dassault Mirage III et IV. Je pense que Jacqueline Auriol s'intéressera au cas de Danièle et sera de bon conseil. Le problème est rapidement réglé, Danièle est embauchée, car Jacqueline Auriol est directement intervenu auprès du président de la république. Danièle M. par la suite devient commandant de bord pilotant des Airbus.

Le premier août 1969, Texas Instruments France dont maintenant la taille en nombre de personnes est de près de 2500 salariés et la variété de produits fabriqués le justifiant, décide de changer d'organisation en passant d'une organisation par fonction à une organisation par produit, par Centre de Profit, (Product Cost Center) (PCC). Quatre PCC sont créés, celui des transistors au silicium, celui des produits spéciaux, celui des circuits intégrés et celui des transistors au germanium et des produits unijonction (diodes et ponts), le PCC manager est responsable pour ses produits, de la production (manufacturing), du service technique (engineering), de l'ordonnancement (planning) et de la promotion des ventes (product marketing). Dans le PCC dont j'ai la responsabilité, celui des transistors au germanium et des diodes, le responsable de la production Jean Paul Piotto deviendra directeur de production dans l'usine Thomson du Maroc, le responsable du planning André Gaubert deviendra responsable de la logistique import-export de TIF, le responsable du Product marketing, Jean-Pierre Liébaut deviendra responsable commercial de Matra-Harris, les responsables de « l'engineering » Robert Legrand deviendra directeur de l'usine Legrand d'Antibes et Alain Dutheil fera toute la suite de sa carrière de direction chez ST Microélectronique.

Tous les jeudis matin a lieu, la réunion dite des commandes et des facturations (sales and billing meeting) qui réunit les responsables des PCC pour faire le point sur la rentrée des commandes et sur la facturation du mois en cours et en cas de dérive par rapport aux prévisions les responsables des PCC expliquent quelles sont les mesures correctives prises pour rattraper ces dérives. Le jeudi à midi (heure française) un télex est envoyé à Dallas sur les prévisions du mois revues suite au meeting. Ce qui fait, que grâce au décalage horaire, à Dallas le jeudi matin en arrivant à son bureau, le PDG mondial a les prévisions revues ou confirmées de l'ensemble des PCC donc de Texas Instruments Incorporated.

Pour les revues financières trimestrielles, les principaux responsables de la direction internationale de

TI à Dallas viennent en principe pour 3 jours en Europe, la réunion pouvant avoir lieu sur un des sites européens de TI, ou dans une localité choisie par le Président comme par exemple Paris, Londres,.... Tous les PCC managers européens, et les divers responsables européens interviennent à tour de rôle. Les PCC Managers sont tenus de présenter les résultats détaillés obtenus le trimestre précédent comparés aux prévisions faites en expliquant les écarts sur les rentrées des commandes, sur les facturations sur la marge brute, sur les dépenses. Ils doivent également présenter avec le même détail, les prévisions pour le trimestre suivant, puis les prévisions des trois trimestres suivants. Ils doivent également commenter les faits marquants et les nouveaux projets. La présentation se fait par rétroprojection de transparents. Chaque transparent doit être accompagné d'un commentaire oral d'une à deux minutes. Pour ne pas perdre de temps à enlever le transparent qui vient d'être commenté et à projeter le transparent suivant, ce n'est pas le présentateur qui fait ces gestes, mais un de ses assistants dénommé le flippeur. Dans le cas où une question est posée par quelqu'un de l'assistance, et si la réponse n'est pas simple à faire rapidement, et/ou si elle demande des données chiffrées nombreuses, une seule réponse est permise, *« la réponse est sur le transparent suivant »* et le flippeur a quelques secondes pour retrouver dans une des piles annexes le transparent avec la réponse. Ce qui veut dire que le présentateur a dû imaginer toutes les questions possibles et préparer les réponses. Parmi les participants, Morris Chang né en

Chine, le responsable des semi-conducteurs au niveau mondial, visage impassible ne laisse apparaître aucun signe indiquant ce qu'il pense, ce qui est normal pour un chinois à qui enfant on a appris à se contrôler et ne pas faire voir ses sentiments, c'est-à-dire ne pas perdre cet aspect impassible du visage.

En 1969, René Bayle succède à Pierre Clavier comme PDG de TIF. Fin 1969, je deviens directeur des services centraux qui comprennent tous les services et départements qui ne sont pas dans les centres de profit produit, plus toutes les fonctions non représentées en Europe, dont celles d'interface avec les activités autres que Semi-conducteur (GSI la géophysique, Materials et Control la métallurgie fine, Apparatus les équipements...), les relations extérieures (Chambre de commerce et d'industrie, administrations, ministères, université, organisations patronales, Sophia Antipolis). A partir de ce moment-là, chaque fois que le PDG devait s'absenter, il faisait une note disant que j'étais « acting » c'est-à-dire « en charge », cela a commencé avec René Bayle pendant sa longue maladie. Cela durera pendant dix ans, ce qui explique que mon nom était très connu au Corporate la direction générale du groupe à Dallas et que je sois contacté en direct pour des sujets variés. Pierre Bonelli succède à René Bayle à son décès comme PDG de TIF qu'il quittera pour devenir PDG de la SEMA. Lui succèderont Patrick Sireta en 1976, qui partira pour devenir PDG d'APT (Advance Power Technologies) à Bend dans l'état de l'Orégon aux USA   et Jacques Noels en 1979 que l'on retrouvera en 1982 responsable de l'activité semiconducteurs de Thomson, lequel sera remplacé par Dominique Bourrus, qui quittera TIF pour Sfernice en 1988. Lui succédera Pierre Clavier qui prendra sa retraite en 1991 et Pierre Fumaroli deviendra Directeur général jusqu'en 1994 où Christian Tordo lui succèdera jusqu'en 2014.

Parmi les très nombreuses occasions inhabituelles pour lesquelles j'ai eu à intervenir, par exemple, un jour, à ma grande surprise la gendarmerie d'Aquitaine me convoque pour avoir me dit-on « *importé des véhicules de chantier sans passage au contrôle des mines et fait des dégâts dans une propriété privée* ». Par la même occasion j'apprends qu'Il y avait en France une équipe de l'activité géophysique GSI, venant faire des forages dans les Landes à l'origine de ces problèmes. Ayant déjà interféré avec des membres de GSI, je connaissais leur activité. Le responsable de l'équipe avait donné mon nom comme étant celui du responsable, c'est ce qu'il lui avait été dit de faire en cas de difficulté par un responsable du Corporate, la direction générale à Dallas. Une autre fois, il a fallu avec le directeur général des douanes françaises et l'administration de la communauté européenne à Bruxelles régler un très gros contentieux douanier à cause de l'usine TI de Curaçao située dans une ile des Caraïbes néerlandaises, donc dans le marché commun. Heureusement que transitaire en douane j'avais la connaissance des règlements douaniers. Le contentieux a été réglé favorablement, mais l'incident est à l'origine de la fermeture de l'usine Antillaise. Autre exemple, la division Metals and control d'Attleboro demande d'intervenir auprès du ministère des finances français, parce qu'un lot de "blanks" (rondelles de métal qu'il faut frapper, c'est-à-dire marquer du dessin pour devenir une pièce de monnaie) était refusé surement à tort, par le contrôle d'entrée à Paris de l'usine de production des pièces de monnaie. Il était demandé d'obtenir l'acceptation de ce lot et cela de toute urgence. Il s'agit de rondelles de métal destinées à fabriquer les pièces de monnaie françaises "la semeuse" de 5 francs dont environ 465 millions de pièces de ce modèle seront émises. Ces pièces sont faites en partant d'une feuille de cupro-nickel sur chacune des deux faces de laquelle est contre-laminée à froid une fine feuille de nickel ce qui lui donne l'apparence et la tenue d'une pièce massive en nickel. Après contre laminage, les futures pièces sont découpées et formées, il ne reste plus à faire que le poinçonnage donnant les dessins de la pièce pour transformer ces rondelles métalliques en pièces de monnaie. Cette opération doit se faire à Paris à L'Hôtel des monnaies Quai Conti. Le problème est qu'avant le poinçonnage final, la pièce a déjà le poids et les dimensions définitives de la future pièce de 5 francs et donc peut être acceptée par les distributeurs automatiques. Si des pièces non poinçonnées sont retrouvées dans des distributeurs, TI doit pour chaque pièce, cinq francs à l'état français.

Le lot qui est à Paris Quai Conti dans les locaux historiques de la Monnaie comporte quelques « blanks » présentant une surépaisseur égale à une épaisseur de feuille de nickel. Ces pièces détériorent le poinçon utilisé sur la presse qui termine le façonnage des pièces en marquant par matriçage le motif de la semeuse d'un côté et la valeur (5 francs de l'autre). Les poinçons sont très chers à fabriquer. De toute évidence et malheureusement ce lot de « blanks » ne peut être accepté en l'état. Or ce lot est de 70 millions de pièces à 10 grammes par pièce cela fait donc 700 tonnes. Il a été livré par bateau sécurisé depuis le Massachussetts, jusqu'au Havre. Il faudrait le renvoyer à Attleboro pour le retrier si possible pour éliminer les pièces en surépaisseur. Pour Métals et Control, c'est une catastrophe, le rapatriement des pièces serait long, plusieurs mois et onéreux. Pour l'atelier de la Monnaie c'est également un très gros problème mettant l'atelier au chômage par manque de pièces, dans un délai assez court. De plus cela va générer à très court terme une pénurie de pièces en circulation en France. Et, évidemment ce n'est pas bon pour l'image de TI et pour les futures commandes potentielles.

Renseignements pris auprès des services techniques d'Attleboro pour savoir comment il est possible de retrier les pièces en épaisseur, il s'avère que l'usine TI du Massachussetts dispose de machines automatiques alimentées par bol vibrant pouvant trier ces pièces. Je propose que ces machines soient envoyées par avion à Nice et un atelier sécurisé est organisé pour faire ce retri, le plus compliqué est l'acheminement à Nice depuis Paris et le retour par convoi sécurisé des « blanks ». L'opération permet d'alimenter l'atelier de la Monnaie en pièces acceptées dès la fin de la semaine d'après. Le directeur de la Monnaie et les autres membres de la direction disent être impressionnés par notre réactivité.

L'opération retri, se termine sans encombre, le retri ne laissant passer aucune pièce défectueuse aucun poinçon n'étant détérioré et aucune pièce « blanks » n'est ramenée à la banque de France au grand soulagement des responsables d'Attleboro et de Dallas.

Les demandes d'interventions spécifiques provenaient parfois directement de Dallas comme celle faite suite au constat de la direction générale de TI que les coûts des stockages des produits finis, de la préparation des livraisons et des expéditions n'allaient qu'en augmentant alors que les coûts de fabrication des mêmes produits allaient en diminuant. La demande m'est faite de proposer un système qui pourrait devenir un modèle pour toutes les activités de production de TI. L'opération commençant par un audit de tous les sites de stockage et d'expédition m'amenant à visiter plus particulièrement ceux avec la plus grande activité et ceux présentant des problèmes de sécurité comme l'usine de Lubbock où sont fabriquées les montres. Par la suite fut créé à Villeneuve-Loubet un magasin prototype de stockage aléatoire qui permit de diminuer par deux les surfaces nécessaires les manipulations étant automatisées en utilisant des automates programmables de TI les 5TI. Cela permit de réduire les coûts unitaires de fonctionnement d'un facteur trois à la grande satisfaction de Marc Sheperd, Fred Bucy et Morris Chang lorsqu'ils vinrent visiter l'installation.

Texas Instruments à travers TIF n'est pas la seule société de semiconducteurs à se développer en France. En 1979, la société américaine National Semiconductor, concurrent de TI et l'entreprise française Saint-Gobain spécialisée dans la production, la transformation et distribution de matériaux qui souhaite se diversifier dans l'électronique, créent la société Eurotechnique dans le cadre du plan composant lancé l'année précédente par le gouvernement français. Le capital d'Eurotechnique est partagé entre Saint-Gobain (51 %) et l'américain National Semiconductor 49% ce qui est censé représenter la valeur de la technologie apportée. Eurotechnique construira une usine à Rousset dans les Bouches-du-Rhône près d'Aix-en-Provence et coexistera donc en France en tant que société de semi-conducteurs avec Matra-Harris, Thomson Semi-conducteurs, La Radiotechnique, Motorola et Texas Instruments. Matra-Harris est une société bâtie sur le même principe qu'Eurotechnique, mais avec des actionnaires différents, (51 % du capital pour Matra et 49 % pour l'américain Harris), elle aura une unité de production à Nantes. Thomson semi-conducteurs a des accords de licence avec Motorola.

La société National Semiconductor de Santa Clara en Californie, l'associée de Saint-Gobain, a été créée en 1959 par Bernard J. Rothlein et sept autres cadres de la division des semi-conducteurs de la société Sperry Rand, fabricant d'équipements électroniques depuis 1910. Le PDG de la nouvelle société Eurotechnique est François Grandpierre que j'ai connu à Villerupt dans la société sidérurgique Lorraine Escaut où il était responsable des convertisseurs et où j'étais stagiaire. J'ai été contacté pour le rencontrer à Rousset où Eurotechnique devait construire son usine. La zone-industrielle de Peynier-Rousset crée en 1961, est située dans la région d'Aix-en-Provence, plus précisément dans la haute vallée de l'Arc, dans le périmètre du bassin minier des Houillères de Provence qui ont comme objectif d'industrialiser la zone en prévision de la fermeture des mines de lignite. Le PDG de TIF, tenu au courant a vivement insisté pour que je réponde à l'invitation espérant que je pourrais ramener de nombreuses informations sur le projet qui à un moment avait été envisagé à Sophia Antipolis. La construction de l'usine Eurotechnique allait débuter. J'ai eu droit aux plans détaillés du bâtiment et des installations de production, le projet était géré par des ingénieurs de National Semiconductor qui étaient très contents de discuter avec quelqu'un de TI qui parlait le même langage qu'eux, en termes de problèmes industriels de la microélectronique.

C'est Jean Luc Grand-Clément ancien de Motorola qui deviendra directeur général d'Eurotechnique. On retrouvera à Rousset, Bernard Pruniaux en 1980 au démarrage de l'unité. Après un passage aux laboratoires Bell de Murray Hill il avait été embauché par TIF à Villeneuve-Loubet qu'il quitta donc pour Eurotechnique.

Après les nationalisations de 1982, Eurotechnique est repris par le groupe nationalisé Thomson. Celui-ci créera une société avec l'entreprise italienne SGS (Societa Generale Semiconduttori), alors dirigée par Pasquale Pistorio et l'activité semi-conducteurs de Thomson alors dirigée par Jacques Noels ancien PDG de TIF. Cette nouvelle société nommée SGS-Thomson est dirigée par Pascale Pistorio. Elle prend le nom de STMicroelectronics lorsque Thales ex-Thomson sort du capital en 1998. On y retrouvera Alain Dutheil qui y restera jusqu'à sa retraite en 2011 où il était Directeur Général Délégué du Groupe ancien de TIF qui y avait commencé sa carrière sur la ligne mésa germanium en équipe du soir. Joel Monnier qui était rentré chez TIF en 1974 devient le responsable du groupe de la R et D technologique.

Bernard Pruniaux prend la direction à Rousset de la société European Silicon Structures (ES2) qui en 1992 deviendra Atmel (Avanced Technologies for MEmory and Logic).

Au cours des ans, National Semiconductor qui avait aidé à créer Eurotechnique, acquiert plusieurs autres entreprises du secteur dont en 1987 la société Fairchild semiconductor achetée à Schlumberger. Fairchild qui partageait avec TI l'invention du circuit intégré, est à l'origine du procédé planar utilisé par tous les fabricants de semi-conducteurs. Les points forts de la société National Semiconductor sont les composants analogiques et surtout sa compétence en production et dans le contrôle et la réduction des coûts, reconnue par toute la profession. **TI rachètera National Semiconducteur en 2011, donc de fait, Fairchild, TI devient donc à partir de ce moment-là, la société qui est à l'origine de la totalité de l'invention du circuit intégré et du procédé planar, deux procédés de base qu'utilisent obligatoirement tous les fabricants de puces.**

Au niveau Texas Instruments Incorporated, Mark Shepherd est nommé Président de Texas Instruments en 1976 au départ en retraite de Pat Haggerty qui est nommé président honoraire. Et J. Fred Bucy, qui chez Texas Instruments a travaillé dans tous les secteurs d'activité est nommé directeur général. Mark Shepherd fait partie du top management de TI depuis 1961 date à partir de laquelle il montera tous les échelons de la hiérarchie jusqu'à devenir directeur général en 1969 et finalement Président du conseil d'administration en 1976. Il prendra sa retraite en 1985 tout en restant comme membre consultant jusqu'en 1993.

La société continue son développement à l'international avec des sites de productions, 47 au total répartis dans 19 pays. GSI mène des activités de géophysique dans 29 pays et crée une flotte de navires pour faire de la géophysique sous-marine. En dix ans, de 1969 à 1978, le chiffre d'affaire de TI a doublé avec seulement 12% de personnel en plus et sans sous-traitance. Bien que le prix de vente moyen ait baissé de 8%, cela veut dire que la productivité a presque doublé.

En 1978, 78.000 employés génèrent un chiffre d'affaire de 3,2 milliards de dollars soit 35 fois celui de 1958. Cette croissance n'est due qu'au développement interne, à part l'acquisition de la société Metals et Control d'Attleboro dans le Massachussetts achetée en 1959.

En 1980, TI produit son premier processeur de signal digital sur une puce DSP (single-chip digital signal processors).

Dans le milieu des années 1980, à la demande des utilisateurs de semi-conducteurs, les entreprises du secteur font de gros efforts d'amélioration de la qualité. Elles cherchent entre autre à éliminer toutes les pièces défectueuses livrées aux clients, en réduisant la variabilité dans les processus de production qui peuvent générer ces défauts. A partir de 1982, Motorola développe une méthode dite des « six sigma » qui est une de ses marques déposées. (Sigma est l'écart type dans une distribution statistique). Le Six Sigma représente l'objectif d'un taux de défauts de 3,4 pour un million d'unités produites. Guy Chadebeck ancien de TIF deviendra un spécialiste du « Six Sigma »

Chez TI ce programme d'amélioration de la qualité est mis en place par Fred Bucy. Peu après, il part en retraite en mai 1985. Il est remplacé par Jerry Junkins qui travaille pour TI depuis qu'il a terminé ses études en 1968 après avoir obtenu un diplôme d'ingénieur en électronique et un master en « engineering administration ». Jerry Junkins pense et dit que *"le plus important pour TI est son personnel et que le pari est de faire de cette société un endroit humain où les gens aiment travailler et par la même font ce qu'il faut pour l'entreprise, les actionnaires et l'avenir de tous. »*

8- La *Solid Logic Technologie* d'IBM

La complexité grandissante des ordinateurs donc du nombre de composants utilisés et du volume occupés par les câbles qui relient ceux-ci et des problèmes de connexion que cela posait, avait amené Jack Kilby de TI à proposer de limiter le nombre de connexions en utilisant comme composants des circuits intégrés au lieu de composants discrets. La société IBM depuis 1957 construisait tous les nouveaux ordinateurs avec des transistors au lieu des tubes à vide utilisés auparavant, ce qui permit à TI (et par la même à TIF) de devenir son principal fournisseur. Les responsables d'IBM pensaient néanmoins « *qu'il y a trop de risques à utiliser des circuits intégrés* » et décidèrent de développer un système basé sur des modules permettant à la fois une densité de composants plus grande sans prendre des risques sur la fiabilité. Ce système prit le nom de Solid Logic Technology (SLT). En 1964, IBM annonce le système 360, c'est avec cette famille d'ordinateurs que le SLT est mis en production. En même temps la compagnie décide de fabriquer ses propres composants semiconducteurs et de la position de plus gros acheteur de composants, IBM devient le plus gros fabricant de semiconducteurs au point que l'usine de Fishkill aux Etats-Unis fabriquera autant de composants que l'ensemble des autres producteurs. Pour satisfaire la demande interne de SLT, IBM transfère la technologie dans d'autres usines IBM, aux Etats-Unis et en France à Corbeil-Essonnes. IBM transfère également la technologie et les méthodes de production des SLT à Texas Instruments.

En fait, les SLT étaient des circuits hybrides couche épaisse, c'est-à-dire, des circuits dans lesquels les connexions sont réalisées par sérigraphie des conducteurs en argent- palladium sur une plaque d'alumine de grande pureté et les composants discrets (transistors, diodes, condensateurs) placés par la technique qui plus tard sera appelée : *« montage de surface ».* Les résistances ajustables sont réalisées par sérigraphie. L'ajustement des résistances se fait en dynamique ou avec un laser Yag. L'ensemble est encapsulé soit avec un capot métal, soit avec du plastique. La plaquette de céramique est dotée de douze broches de connexion, l'ensemble constituant un module SLT. Celui-ci se comporte comme un composant, carré d'un demi-pouce (12,7 mm) de côté. Plusieurs modules SLT, 6 à 36, peuvent être assemblés sur un circuit imprimé et constituer une carte SLT. Pour développer le SLT, IBM développe des puces à billes, que l'on appelle « puce à retournement », les billes servant de connexion. Le nom vient du fait que les puces sont soudées sur leur support retournées par rapport au sens qu'elles ont dans un composant discret ou sur un circuit imprimé où elles sont connectées par des fils d'or et non par des billes. IBM a dû également développer l'utilisation en volume de la technologie hybride à couche épaisse et une méthode de montage qui préfigure le « montage de surface ». IBM perfectionne le produit en le densifiant pour devenir l'ASLT, l'Advance SLT, le « SLT avancé ».

Les modules SLT ne sont pas utilisés uniquement dans les ordinateurs mais aussi dans les autres produits de la société, comme celui développé à la fin des années 1960, par les ingénieurs français du centre de recherche et de développement La Gaude près de Nice, le premier autocommutateur téléphonique privé (PABX- Private Automatic Branch eXchange) dans le monde, contrôlé par des ordinateurs. Annoncé en 1969, l'autocommutateur 2750 est donc construit avec la technologie SLT.

Texas Instruments France qui était déjà client d'IBM pour les gros ordinateurs et le matériel de mécanographie de gestion, en plus d'être fournisseur de composants électroniques devient client d'IBM pour l'autocommutateur 2750 qui est livré en 1970. Mais, TIF n'est pas n'importe quel client, c'est le premier client au monde pour le 2750 par ordre chronologique pour ce genre de produit, puisque l'autocommutateur livré porte le numéro 1 et TIF est le seul client pour ce produit pendant plus d'un an. Ceci nous vaudra la visite de nombreux membres importants d'IBM US voulant avoir l'avis du premier utilisateur. Certains de ces visiteurs insistent pour parler des problèmes rencontrés depuis son installation. Bien sûr, nous avons eu quelques problèmes que nous avons signalés et qui ont été très vite et très bien réglés par l'intervention des membres du centre de recherche de La Gaude, ce que je mentionne sans grossir ni minimiser les ennuis. Mais, il semble que certains de mes visiteurs américains soient déçus que je leur dise que globalement nous sommes satisfaits de ce produit. J'ai eu l'impression que certains auraient aimé m'entendre dire que le 2750 ne nous donnait pas satisfaction, tellement ils insistaient pour savoir ce qui n'allait pas qui existait forcément semble-t-il à leur avis parce que non inventé aux USA!

Le 2750 était assemblé sur le site d'IBM à Montpellier. Deux ans après, IBM annonce le 3750 un autocommutateur qui nous permet de réaliser un réseau européen avec un 3750 en France à Villeneuve-Loubet, un en Angleterre à Bedford et un à Freising en Allemagne. Un des avantages est de permettre au personnel de ces trois entités de communiquer comme si physiquement ils étaient dans le même lieu. Chaque poste téléphonique est affecté d'un numéro à quatre chiffres, série 2000 pour la France, 3000 pour l'Angleterre et 4000 pour l'Allemagne. Pas besoin de faire le "00" pour l'international, puis le numéro du pays où se trouve le correspondant recherché, puis le numéro du site de Texas Instruments dans ce pays enfin, pas besoin de demander à la standardiste la mise en communication avec la personne avec qui l'on veut parler.

Lors de la (réunion financière trimestrielle suivante qui a lieu à Villeneuve-Loubet, Marc Shepherd Président de Texas Instruments, me demande de lui montrer l'installation de l'autocommutateur et de lui expliquer le système. Je lui explique la facilité que cela procure pour téléphoner en Angleterre à Bedford ou en Allemagne à Freising et réciproquement, et j'ajoute que si un 3750 est installé à Dallas, cela facilitera les communications entre l'Europe, donc entre la France et le Texas. Marc Shepherd me demande alors : *« si je réalise ce que je viens de dire ?*

« Je lui dis que « *je ne réalise pas pourquoi il me pose cette question. Parce que*, me répondit-il, *si cela deviens facile pour appeler d'ici quelqu'un à Dallas, cela veut dire que cela devient facile de Dallas d'appeler quelqu'un ici* », sous-entendu il pourrait demander facilement des explications et des choses urgentes à faire, à moi-même ou à d'autres, ce qui n'était pas le cas jusque- là.

Je me rappelle, quelques temps après mon arrivée chez TI, pour téléphoner à Dallas, il fallait demander à la standardiste, qui appelait l'inter et qui quelque temps après annonçait à quelle heure la ligne serait disponible. Une fois la ligne et le correspondant obtenus, s'engageait la conversation qui était parfois rendue difficile à cause des grésillements sur la ligne, si bien qu'il arrivait que mon correspondant voyant qu'il était très difficile de communiquer me dise à la fin, et bien *"débrouillez-vous"*. Moi, j'aimais bien ce commentaire, cela voulez dire que je pouvais faire ce que je voulais ....évidemment sans oublier l'objectif et en respectant les consignes générales. Plus les communications sont devenues faciles moins j'avais de degré de liberté. C'est ce que Marc Shepherd voulait surement dire. Et même la réponse devint souvent, « *attendez, nous allons voir si le même problème existe dans d'autres sites et si c'est le cas, nous créerons une procédure commune* ». J'en avais déduit que *"plus les communications sont faciles, plus les décisions sont lentes à être prises"*

9- Les puces trouvent la mémoire

En 1969, IBM décide qu'à l'avenir ses ordinateurs seront conçus à base de circuits intégrés. A partir de ce moment-là, les puces font la loi aussi chez IBM.

L'explication vient de ce que les circuits intégrés ont fait leur preuve dans diverses applications, mais peut-être aussi parce qu'entre temps aux US, en 1966, **un chercheur d'IBM Robert Dennard a inventé un circuit intégré faisant office de mémoire et dénommé « mémoire dynamique à accès aléatoire (Dynamic Random Acccess Memory - DRAM),** dont le brevet sera accordé en juin 1968 sous l'appelation de Field-effect transistor memory, mémoire transistor à effet de champ.

Robert Heath Dennard, est né au Texas, ingénieur en génie électrique de la South Méthodist University de Dallas et docteur du Carnegie-Mellon. Pour la DRAM II reçoit le prix de Tokyo sorte de prix Nobel japonais.

Les puces se sont donc également attaqué au domaine des mémoires. C'est ce que Gordon Moore avait prévu « *les circuits intégrés ne tarderont pas à devenir compétitifs par rapport aux noyaux magnétiques qui sont alors utilisés pour stocker les informations dans la grande majorité des ordinateurs* » dans son article dans la revue spécialisée Electronics en 1965 expliquant graphique à l'appui ce qui deviendra, la première loi de Moore. Jusque-là, la mémorisation d'information se faisait presque exclusivement par des systèmes magnétiques, cela continuera encore avec des matériels plus simples, disquette, CD, DVD. Mais à partir de là, les puces se sont mises à faire la loi dans les mémoires.

La mémoire vive, appelée RAM, est constituée de petits condensateurs que l'on peut charger. En fonction de son état, chargé ou pas chargé, le condensateur est égal à un ou à zéro, de ce fait chaque condensateur représente un bit de la mémoire. Chaque condensateur est couplé à un transistor permettant de récupérer, de connaitre l'état du condensateur ou de le modifier. Les transistors qui correspondent aux bits de la mémoire constituent une matrice. On peut accéder à un de ses couples transistor-condensateur en connaissant son adresse qui n'est autre que ses coordonnées dans la matrice, ligne et colonne.

Les mémoires vives

La RAM (Random Acces Memory) mémoire à accès aléatoire ou mémoire vive est une mémoire très rapide qui stocke les données de manière provisoire pendant le temps où l'ordinateur les utilise dans ses opérations.

Il y a deux types principaux de mémoires vives

- la mémoire vive dynamique (DRAM), sa simplicité structurelle, un pico-condensateur et un transistor pour un bit permet d'obtenir une densité élevée. Son désavantage réside dans les courants de fuite des pico-condensateurs : l'information disparaît à moins que la charge des condensateurs ne soit rafraîchie avec une période de quelques millisecondes.

- La mémoire vive statique (SRAM) synchronisées avec le bus système n'a pas besoin de rafraîchissement mais utilise plus d'espace.

A côté des mémoires vives il y a les mémoires mortes qui stockent un grand nombre d'informations. Les disques disquettes, clés USB sont en fait des mémoires mortes.

Les mémoires mortes
- Les ROM (Read Only Memory- mémoire pour lecture seule) sont des mémoires dont le contenu n'est pas défini par l'utilisateur mais lors de sa fabrication.
- Les PROM (Programmable Read Only Memory- mémoire programmable pour lecture seule) sont programmables (par l'utilisateur), mais une seule fois puis elles sont seulement accessibles pour lecture.
-Les EPROM (Erasable Programmable Read Only Memory- mémoire programmable pour lecture seule effaçable) sont effaçables et programmables par l'utilisateur. En général elles sont effaçables par exposition aux UV.
-Les EEPROM (Electrically Erasable Programmable Read Only Memor- mémoire programmable pour lecture seule effaçable électriquement), elles sont effaçables électriquement et reprogrammables par l'utilisateur. Les premières EEPROM fabriquées n'étaient effaçables que peu de fois, puis par la suite le nombre d'effacements possibles a augmenté jusqu'à atteindre plus de 100 000 fois. Elles sont plus faciles à effacer que les EPROM car elles sont effaçables électriquement donc contrairement aux EPROM sans manipulations physiques. En 1980, le japonais Fujio Masuoka chez Toshiba où il travaille sur les mémoires comme chercheur après d'autres brevets en dépose un sur une mémoire à effacement électrique rapide, **c'est la mémoire Flash.**

La mémoire flash qui est typiquement adaptée pour la mémorisation temporaire est donc utilisée dans tous les appareils mobiles, baladeurs MP3, appareils photo…..Ce brevet sera suivi en 1984 d'un brevet sur la NOR Flash qui est adaptée à l'enregistrement de données informatiques destinées à être exécutées directement de cette mémoire. En 1989, Fujio Masuoka dépose encore un brevet sur la mémoire NAND flash qui est la technologie utilisée sur la puce des clés USB. Toshiba a donné à Fujio Masukoa une prime pour avoir développé l'une des mémoires les plus utilisées aujourd'hui, la mémoire Flash, mais cette prime fut seulement de quelques centaines de dollars. **En dessous de la photo de Fujio Masuoka, inventeur de la mémoire Flash, au Computer History Museum de la Silicon Valley, de Mountain View en Californie, il est noté** *« a inventé la mémoire, mais se sent oublié »…. !* Ce qui est un comble pour l'inventeur de la mémoire !

Texas Instruments dépose de nombreux brevets soit des brevets de base, soit des brevets portant sur des améliorations en particulier sur les mémoires DRAM. Devant l'importance du marché de celles-ci, TI décide donc de faire respecter ses brevets par les entreprises asiatiques ou leurs filiales vendant aux Etats-Unis des mémoires vives du type DRAM et qui n'avaient pas acquis la licence de la part de TI pour le faire. Pour cela en 1986, TI dépose une plainte auprès de la Commission du commerce international contre les sociétés Japonaises Fujitsu, Hitachi, Matsushita, Mitsubishi, NEC, OKI, Sharp, Toshiba, ou contre certaines de leurs filiales et contre la société coréenne Samsung et certaines de ses filiales. De nombreux arrangements à l'amiable ont lieu. Le montant annuel des royalties payées suite à ces accords est estimé à plus de 200 millions de dollars.

Toujours intéressé par le marché des mémoires et voulant développer la technologie pour une mémoire 16-megabit DRAM, et pour mettre toutes les chances de son côté tout en limitant les risques financiers au regard des investissements nécessaires pour un tel développement, TI décide en 1988 de faire ce projet avec Hitachi.

Juillet 2006, Fuijo Masuoka auteur de l'invention de la mémoire Flash, obtient de la cour de justice de Tokyo, le versement par Toshiba son employeur à l'époque de l'invention, de 87 millions de yens (593.210 euros).

10 - *La calculatrice de poche*

Si l'U.S. Air Force très rapidement montre un intérêt certain pour les circuits intégrés, l'industrie civile à l'image d'IBM a commencé par être très sceptique. Les circuits intégrés sont par exemple utilisés dans des programmes militaires sophistiqués comme, en 1961, les ordinateurs de vol et en 1962 dans le programme du missile Minuteman, missile balistique intercontinental (ICBM) américain à ogive thermonucléaire lancé depuis le sol.

Comme l'industrie non militaire est plutôt observatrice qu'utilisatrice, Pat Haggerty président de TI décide de lancer un produit qui fera la démonstration de la perspicacité d'utiliser les circuits intégrés, par exemple « *un produit qui serait plus performant que les plus puissants calculateurs mécaniques de bureau du moment* ».

En 1965, Jack Kilby l'inventeur du circuit intégré et deux autres ingénieurs, Jerry Merryman et James Van Tassel et quelques autres membres du laboratoire commencent à travailler sur un calculateur « de poche » qu'ils appellent à l'époque « *calculateur qui tient dans la main* » car c'est souvent comme cela qu'il est désigné. En 1967, ils construisent un premier prototype et en dépose le brevet le 29 septembre.

Traduction du dépôt du brevet de la calculatrice de poche. *Calculatrice électronique décimale à code binaire capable d'additionner, soustraire, multiplier et diviser avec un certain degré de placement automatique du point décimal, les chiffres digitaux sont disposés en série à une vitesse compatible avec les opérations de la calculatrice. Les composants de la calculatrice sont adaptés électriquement et mécaniquement les uns par rapport aux autres de manière à réaliser une calculatrice portable à pile de petite dimensions, par exemple, les dimensions extérieures du boitier 4,25 x 6,15 x 1,75 pouces et d'un faible poids d'environ 1250 g, ayant une capacité de calcul seulement obtenable jusqu'à présent avec des calculateurs beaucoup plus grands et plus lourds tout en conservant la simplicité mécanique et opérationnelle. Les principales parties du calculateur sont le circuit intégré semi-conducteur pour réaliser les calculs arithmétiques et générer les signaux de contrôle, un clavier pour initier les signaux électriques correspondants aux nombres et aux commandes entrés, un système d'affichage visuel, de même qu'une imprimante thermique.*

Ce premier brevet est remplacé par un autre brevet en Mai 1971, lui-même remplacé en décembre 1972, sous le numéro US3819921A, calculateur miniature électronique. Le circuit intégré appelé TMS 1000, le « one chip calculator (l'ordinateur sur une puce) » composant principal de la calculatrice fait lui-même l'objet d'un dépôt de brevet le 31 août 1971 sous le numéro US3757306, c'est un circuit MOS.

C'était très intéressant de discuter avec James Van Tassel, il faudrait dire Jim Van Tassel, car c'est par le prénom Jim qu'il était appelé à TI. Il racontait en détail les étapes du développement de la calculatrice de poche, car Jim Van Tassel, a été nommé directeur technique de Texas Instruments Europe en 1972, basé à Villeneuve-Loubet, responsable de l'ingénierie et du développement. Comme la direction européenne n'est pas officiellement une entité légale, elle utilise la logistique de TIF, donc, je le vois souvent, ce qui est très instructif car c'est quelqu'un de très sympathique et les conversations avec lui sont très informatives sur l'évolution des semi-conducteurs dans laquelle il avait eu une part active et dont il connait très bien les autres acteurs.

A l'origine, Texas Instruments dont le domaine d'action est principalement celui des secteurs militaires et industriels veut construire un appareil portable, utilisable pour faire des calculs dans les vols habités entre autre dans le cadre du programme Apollo, d'où le nom de *« calculateur qui tient dans la main »*, sous-entendu d'un astronaute.

« La première maquette réalisée en composants discrets tient beaucoup de place dans le laboratoire », me dit Jim Van Tassel. Réalisée par Jerry Merryman elle comporte environ quatre mille transistors discrets. Jerry Merryman sera surnommé par ses amis *« le tueur de règles à calculer »*, avec juste raison, car une règle à calculer et la calculatrice TI-30 couteront à peu près le même prix environ 100 FF à la fin des années 1970.

Quelque temps après, l'équipe arrive à concentrer les quatre mille transistors de Jerry Merryman dans quatre circuits intégrés. TI savait fabriquer tous les composants d'une calculatrice, les composants électroniques, le clavier, le système d'affichage et le boitier. La première fois que les divers composants ont été assemblés pour en faire un objet où tous les composants étaient dans le même boitier, celui-ci était fait à la main en contre-plaqué au dire de Jim Van Tassel, par la suite il a été toujours fait à la main mais en aluminium et finalement en plastique injecté. L'imprimante thermique qui est utilisée avec du papier sensible à la température, est une matrice de petits points qui peuvent être chauffés avec des combinaisons variées pour former des nombres ou d'autres sortes de caractères.

La calculatrice peut remplacer des machines électromécaniques et les règles à calculer utilisées dans les bureaux d'études et les services comptables, mais peut aussi être utilisée pour des usages personnels comme ceux des étudiants. TI a beaucoup de difficultés pour chiffrer ce marché, car, il est nouveau. Ses clients habituels sont des entreprises industrielles principalement dans les secteurs militaires, informatiques (comme Bull ou IBM) et industriels (comme les sociétés fabricant des appareils de contrôle). TI hésite à rajouter des investissements de production au coût du développement qu'il faut rentabiliser. Les responsables de TI ont probablement en tête d'adopter la même organisation que pour le poste radio Régency à savoir s'associer avec une entreprise qui ferait l'assemblage et la commercialisation. Les composants développés sont donc mis au catalogue en espérant que peut être un utilisateur potentiel prêt à prendre le risque, sera intéressé. La première demande vient de Sanyo. Dans le même état d'esprit, le prototype est montré à de nombreux industriels du secteur des calculateurs dont Canon. En 1970, Canon sort un produit similaire avec imprimante thermique. Et, en septembre 1971, la première calculatrice électronique est mise sur le marché français, par Sanyo avec des composants de base de TI, présentée au SICOB à Paris au prix de 2500 francs et pesant 550g. Mais, en 1972 Texas Instruments sort une calculatrice à son nom, avec affichage à diodes électroluminescentes (LED). En fait, TI propose une calculatrice dite *« portable »*, la Datamath TI 2500, et deux autres modèles dits par opposition *« de bureau »*, les TI -3000 et TI-3500. La même année, HP sort la HP-35 une calculatrice scientifique. **Texas Instruments qui avait les brevets de base et qui fabriquait tous les composants de la calculatrice, n'est pas le premier fabricant à avoir mis une calculatrice de poche à son nom sur le marché.**

La Datamath est assemblée à Dallas, le «one chip calculator» (le calculateur sur une puce) est produit dans l'usine TI de Houston (Texas), le clavier fabriqué dans d'usine TI d'Attleboro (Massachusetts) de la division Metals and Control, le système d'affichage par diodes électroluminescentes produit à Dallas dans la division optoélectronique de TI et enfin, le boitier est moulé à Sherman (Texas) où TI a une usine à environ une heure de voiture au nord de Dallas, à la limite de l'Arkansas. La

Datamath TI-2500 contient 119 composants dont 82 sont électroniques. Le modèle qui remplacera la TI- 2500 en 1976 ne contiendra que 22 composants dont 2 seulement seront électroniques et la TI-1030 construite en 1978 n'aura au total que 15 composants. Mais le prix de vente au détail est passé entre temps de 60,95 dollars à 17 dollars.

Chez TI et avec un peu d'autodérision, il se disait : « *il y a trois sortes de calculatrices de poche au monde, celles marquées TI, celles qui sont vendues sous une autre marque, mais qui sont construites avec des composants TI comme celles de Sanyo et celles vendues sous une autre marque et qui n'utilisent pas que des composants TI, mais c'est avec cette catégorie là que l'on est sûr de gagner de l'argent parce Texas Instruments ne fait rien, c'est à dire ne génère pas de dépenses mais reçoit des royalties* ».

Finalement l'élasticité du marché joue à fond, le marché annuel domestique passe de 80.000 unités à 400.000, puis à 1,6 million quand les prix passent de 200 à 100, puis à 50\$. Le marché des commerçants pour les mêmes prix de vente passe de 200.000 à 450.000 puis à 1 million et celui des étudiants évolue de 140.000 à 400.000 puis à 1,4 million.

En 1973, TI met sur le marché les SR-10 et SR-11 avec carrés et racines carrées, alors que HP propose la calculatrice financière HP-80 et la HP 46 avec imprimante interne. La concurrence ne s'arrête pas là, l'année d'après Texas Instruments lance la SR-50, qui est une calculatrice scientifique avec fonction logarithme et trigonométrie, et HP propose la HP-65 qui est une calculatrice programmable ce que TI propose aussi avec la SR- 52 en 1975.

En fin d'année, le 23 décembre 1975, se passe un évènement propre à accélérer le développement des calculatrices. Le Président des Etats-Unis Gérald Ford signe une loi suite à la décision du congrès américain qui par le « Metric system Act » a décidé que les Etats Unis passeraient au système métrique. En fait ce qui est décidé, c'est que *le système métrique est déclaré le système préférentiel de poids et de mesures pour les échanges et le commerce des Etats-Unis »*, mais permet l'usage des unités coutumières dans toutes les activités. Comme le président Ford l'a mentionné en signant l'acte, *« toute conversion doit être totalement volontaire »*. L'acte crée aussi le Bureau du système métrique des Etats Unis avec des représentants d'organisations scientifiques, techniques et du système éducatif, de même que des représentants techniques et éducatifs des états pour planifier, coordonner et former le peuple américain pour la « métrification » des Etats Unis. Tout le monde pense qu'Il va y avoir un besoin nouveau pour des calculatrices qui seront capables de convertir simplement les unités américaines en unités métriques, ou réciproquement.

Toutes les sociétés importantes américaines s'intéressent à la « métrification » qu'elles considèrent comme faisant partie de leur stratégique commerciale. TI crée un comité pour la mise en place du système métrique. La première action est d'envoyer à chaque entité TI se trouvant hors des Etats Unis un questionnaire pour faire le point sur la question de la « métrification », les problèmes que cela peut poser et les besoins à mettre en place pour les régler. Le genre de questions posées est le suivant:

-Quand pensez-vous que votre pays passera au système métrique ?

-Quel problème pensez-vous que cela posera dans votre pays ?

-Quels problèmes cela posera-t-il à TI dans votre pays ?

-Quels problèmes cela posera-t-il au personnel TI de votre pays ?

-Qui au gouvernement de votre pays est en charge du passage au système métrique ?

-Quelles sont les dépenses que vous pensez devoir engager pour passer au système métrique ?

......

Toutes ces questions sont justifiées par la décision américaine.

Nous recevons donc pour TIF le même questionnaire, mais je pense qu'il a été envoyé aux destinataires inscrits sur la liste générale d'envoi du courrier, et que nous recevons la demande non pas pour action mais au mieux pour information puisque que cela ne nous affecte pas directement. Donc je ne réponds pas. Quelque temps après, les mêmes destinataires dont je fais partie reçoivent un condensé des réponses faites suivi de la remarque indiquant que « *toutes les entités avaient répondu au questionnaire sauf la France et que donc il fallait à tout prix avoir les réponses de TIF avant la réunion de tous les destinataires du questionnaire. François Bus serait en charge d'organiser la réunion »* (probablement en mesure de rétorsion pour n'avoir pas répondu au questionnaire). Vexé, j'envoie un télex disant que *« si je n'avais pas répondu, c'était parce que la France était au système métrique depuis une loi de 1794 »*. La réponse rapide du président du comité de mise en place du système métrique de TI est : *« envoyez-nous une traduction de la loi »*. D'abord surpris, je me mets à la recherche des documents en espérant ne pas avoir donné une information erronée sur la date que je croyais vraie depuis toujours. Mais la date est « an III ». En fait, il s'agit bien d'une loi de la Convention du 4 brumaire an III (25 octobre 1794). Cela me permet également de découvrir qu'une commission chargée de définir les unités de mesure avait été constituée avec les savants de l'époque (Borda, Condorcet, Laplace, Lagrange et Monge) à qui la demande avait été faite avec un cahier des charges d'une ligne, *« faire un système de mesure valable pour tous les peuples en tous les temps »* et la réponse rapide ne comportait que deux remarques :

« -Premièrement avoir des unités indépendantes de toutes connotations nationales pour que personne ne se sente défavorisé. Ainsi dans le cas de l'unité de longueur ne pas prendre une fraction de la distance entre deux points donnés géographiques nationalement connotés. Il ne faut également pas prendre une fraction de la longueur de l'équateur, car l'équateur ne passe pas dans tous les pays, mais l'on peut prendre une fraction du méridien, car il y a des méridiens dans tous les pays.

-Deuxièmement il vaudrait mieux que le système soit établi en collaboration avec le parlement britannique pour que dans l'avenir il n'y ait pas deux systèmes qui coexistent, ce qui pourrait créer des problèmes ! »

Interrogé, un des directeurs d'IBM France pour savoir comment cela se passait dans son entreprise répondit : *« chez IBM nous avons les moyens de collecter les informations sans les demander à chaque filiale. Donc un plan de mise en place du système métrique a pu être étudié directement par notre siège aux US. La première action décidée est que toutes les entités doivent envoyer deux ou trois cadres dans notre centre de formation aux US et il nous est demandé les noms des cadres français que nous enverrons aux US pour qu'ils se forment au système métrique ! »*

En 1976, Texas instruments commence à commercialiser une « calculatrice scientifique » la TI-30. Contrairement aux autres modèles, quelques soient les nombreuses améliorations apportées, l'appellation TI-30 est conservée. Puis, la TI-30 s'est imposée comme l'une des calculatrices scientifiques les plus répandues dans les lycées, aux États-Unis comme en Europe de l'Ouest.

Sortie peu après, la TI-59 est une calculatrice programmable parmi les plus puissantes. Ses performances et son prix (environ 300 $) la rendent attractive par rapport aux ordinateurs de l'époque. L'Apple II, est initialement vendu au prix de 1 298 $ en 1977. La TI-59 est la première calculatrice qui permet d'ajouter une carte d'extension amovible contenant des modules de programmes Texas Instruments, d'applications professionnelles dédiées ou de jeux. Elle intègre, sous l'afficheur, un petit lecteur-enregistreur de cartes mémoires permettant de sauvegarder les programmes sur des cartes magnétiques de 15 × 50mm. Un support intégrant une imprimante thermique PC100 est vendu séparément.

La TI-59 comporte un programme pour convertir les unités US en unités métriques ou les unités métriques en unités US, mais les Américains sauf s'ils faisaient déjà auparavant des conversions, n'eurent pas à s'en servir, et ce ne fut pas longtemps un argument commercial car en 1982, le président Ronald Reagan ferme les bureaux de « métrification » suivant la suggestion de ses conseillers les journalistes Frank Mankiewicz et Lyn Nofziger, et décide de ne pas continuer le passage au système métrique des Etats Unis. Le seul souvenir dans la fabrication des puces de la tentative est que la dernière taille des tranches de silicium de l'époque n'est plus exprimée en pouces mais en millimètres : 300mm, soit 11,8 pouces. Cette dénomination millimétrée a été utilisée lors du lancement du projet qui a eu lieu entre la publication du métric system act et l'arrêt de la « métrification », lequel n'a pas affecté cette dénomination.

Par comparaison, la TI-59 a une puissance de calcul supérieure à celle des grands ordinateurs d'usage général de l'époque, comme l'IBM 650 deuxième ordinateur commercialisé. Il était destiné aux opérations commerciales, le premier au monde à avoir été fabriqué en série, la première livraison ayant été réalisée en 1954, suivi d'une production de 2000 exemplaires et était encore commercialisé plusieurs années après la sortie de la calculatrice TI-59. Comme l'écrivait le président de TI, dans une brochure sur les potentiels de l'électronique *« bien que les opérations effectuées par la calculatrice ne soient pas complètement équivalentes à celles de l'IBM 650, la comparaison au dire des spécialistes est néanmoins valable »*.

« La calculatrice tient dans la main, alors que l'IBM 650 occupe une surface au sol de plus de 4 m^2. Le poids de l'ordinateur est de près de 3 tonnes auquel il convient d'ajouter 5 à 10 tonnes, le poids de la climatisation obligatoire pour évacuer les calories dissipées par les 2000 tubes électroniques. Sur la calculatrice les 166.500 transistors contenus dans le circuit intégré pèsent peu et ne dégagent pas beaucoup de calories. La TI-59 nécessite une puissance électrique installée 100.000 fois plus faible que celle de l'ordinateur (17,7 KVA), tout en effectuant les principaux calculs 5 à 10 fois plus vite ». Quant au prix, il était pour l'IBM 650 de 200.000 dollars (en dollars de 1955, soit plus de 435.000 en dollars actualisés de 1977) et pour la TI-59 de 300 dollars (en dollars de 1977).

TI qui avait les brevets de base et qui savait fabriquer tous les composants de la calculatrice, n'a pas mis la première calculatrice de poche sur le marché, mais tout le monde connaît la suite et le succès des calculatrices, jusqu'à la calculatrice graphique pour les lycéens et les étudiants de l'enseignement supérieur.

11 – Le microprocesseur

En 1968, Gordon E. Moore, celui qui a énoncé la loi qui porte son nom *(La complexité des composants semi-conducteurs double tous les ans à coût constant)*, quitte Fairchild qu'il a fondé à San José en 1957 avec Robert Noyce et six autres ingénieurs et cofonde Intel avec ce dernier et Andrew Grove à Santa Clara en Californie à quelques kilomètres de San José. Andrew Grove deviendra président d'Intel et dira avoir eu toute sa vie « *la peur permanente de se faire dépasser, de ne pas pouvoir s'adapter à l'évolution* » ce qu'il raconte dans son livre « *Seuls les paranoïaques survivent* ».

Si la calculatrice de poche fait connaître Texas Instruments internationalement par le grand public, c'est également en travaillant indirectement pour développer une calculatrice pour la société japonaise Busicom, qu'Intel développe un microprocesseur qui fera sa renommée. Le développeur s'appelle Marcian Hoff, plus connu sous le nom de Ted Hoff, en équipe avec Masatoshi Shima et Federico Faggin. En effet la société Busicom dans le but de sortir une gamme de calculatrices performantes avait demandé à Intel une famille de circuits intégrés très complexes. A la place, Ted Hoff propose l'Intel 4004. Busicom en possédait en exclusivité les droits pour avoir payé tous les frais de développement faits à sa demande. L'Intel 4004 est une puce d'environ 10mm^2 (3,81mm de long sur 2,79mm de large), intégrant 2250 transistors et exécutant 60.000 opérations par seconde. C'est en fait un microprocesseur généraliste, c'est à dire la partie de l'ordinateur qui exécute les instructions et traite les données des programmes, et dont tous les composants ont été suffisamment miniaturisés pour être regroupés dans un seul boitier.

Il se raconte pendant cette période, à Dallas, que « *c'est toute une équipe de TI qui a rejoint la nouvelle société Intel ce qui expliquerait son succès!*» Ce qui est certain, c'est que le nouveau vice-président du marketing et des ventes d'Intel, Ed Gelbach est un ancien de Texas Instruments comme son assistant Jack Carsten. Ils connaissaient peut être l'existence des travaux de TI sur des composants qui déboucheront sur des composants pouvant être utilisés pour construire un ordinateur, qui s'appelleront des microprocesseurs. Ils imaginaient probablement les applications potentielles importantes du 4004, et auraient incité les dirigeants d'Intel à négocier en 1971 avec Busicom le droit de le commercialiser pour permettre d'élargir leur marché. Cela arrange Busicom qui rencontre des difficultés financières. Pour 60.000 dollars la totalité des droits industriels et commerciaux sur l'Intel 4004 à l'exception de ceux pour les sociétés fabriquant des calculatrices de bureau ou de poche sont cédés à Intel. Busicom fera faillite en 1974. D'autres constructeurs s'attribuent la paternité du microprocesseur, mais en septembre 1975, **l'office américain des brevets reconnait l'antériorité de Gary W. Boone et de Michael J. Cochran de Texas Instruments dans l'invention du microprocesseur** (U.S. Patent single-chip micro processor architecture).

Texas Instruments et Intel auraient passé un accord permettant à Intel de faire des microprocesseurs c'est-à-dire d'utiliser de fait le brevet de TI qui d'après l'office américain des brevets représente l'antériorité de l'invention du microprocesseur. A cette époque-là, les clients étant soucieux d'avoir une deuxième source d'approvisionnement, au cas où la source principale aurait des difficultés à livrer et TI reconnu évidemment comme un fabricant fiable fabriqua aussi le 8080 d'Intel en seconde source, ce qui devait faire partie des accords entre TI et Intel.

En France c'est la date du dépôt de brevet ou de l'enveloppe Soleau, qui fait preuve d'antériorité. L'enveloppe Soleau, du nom de son inventeur Eugène Soleau, est une preuve d'antériorité d'une création que l'on peut utiliser pour obtenir de façon certaine la date d'une invention, d'une idée, d'une œuvre en la déposant à l'Institut national de la propriété industrielle (INPI).

Aux USA la preuve d'antériorité est faisable par toutes sortes de moyens, par exemple, l'engineering book. C'est un bloc de papier relié comme un livre, les pages étant toutes numérotées et sur la page de garde est indiquée l'identité de son utilisateur, lequel est sensé s'en servir pour noter ses idées, ses essais, ses schémas ainsi que la date à laquelle ils sont faits afin que cela puisse servir pour démontrer l'antériorité de l'idée. Une fois terminé, l'engineering book est archivé précieusement, la date d'archivage constatée légalement.

En fait, le TMS 1000 de TI et le 4004 d'Intel ont été développés en parallèle de même qu'un microprocesseur développé par Garrett chez AIResearch, mais TI, grâce à Gary Boone et Michael Cochran a obtenu le premier le brevet pour le microprocesseur. Les évolutions du 4004 amèneront en 1974 au très connu Intel 8080. Dans la foulée, Motorola sort le 6800.

Avec ses 4 500 transistors, soit le double du 4004, le 8080 affiche des performances multipliées par 10 par rapport à son prédécesseur et est capable de réaliser 290 000 opérations par seconde. « *Dès cette époque, il est évident pour beaucoup de gens que les applications des microprocesseurs sont quasiment infinies* », constate Ted Hoff. En 1975, le 8080 équipe l'un des précurseurs de l'ordinateur personnel, l'Altair 8800, vendu en kit. Dans le même temps, la concurrence s'active : Motorola et Zilog lancent des microprocesseurs aux fonctions similaires. Chez Intel, les 8080 sont suivis par les 8085 compatibles. La rapidité de la mise sur le marché de nouveaux microprocesseurs plus performants amène à l'établissement du caricatural :

« Syndrome d'Intel » « *un microprocesseur est obsolète dès le début de sa mise en fabrication industrielle en série* **».**

En effet le temps de développer un nouveau modèle de fabriquer un échantillon, de le caractériser et de lancer sa fabrication en série, il s'est passé suffisamment de temps pour développer un modèle plus performant.

La série des processeurs 8080, autorise une nouveauté, la connexion de cartes d'extension à la carte mère. En 1965, Gordon Moore avait constaté et prédit

« *que la complexité des composants semi-conducteurs double tous les ans à coût constant* ». En 1975, il précise ce qu'il appelle la complexité : « *la complexité, c'est le nombre de transistors dans un microprocesseur* ». Chez Intel il est bien placé pour constater que la densité de transistors des microprocesseurs est multipliée par 2 tous les 2 ans, et prévoyant que cette tendance continuerait, il établit ce que l'on appelle :

La deuxième loi de Moore : *Le nombre des transistors des microprocesseurs double tous les 2 ans.*

Ceci se vérifiera à postériori puisque de fait la densité a été multipliée par 1,96 en moyenne tous les deux ans pendant trente ans, de 1971 à 2001. C'est grâce à cela que les micro-ordinateurs sont devenus de plus en plus performants à prix pratiquement constant.

Comme la première loi, la deuxième n'est pas basée sur un phénomène scientifique, c'est l'extrapolation d'une tendance que la profession a considérée comme une certitude et que chaque entreprise considérait comme une obligation à atteindre sous peine d'être distancée par les concurrents. Comme tous les intéressés ont raisonné et agi de la même manière, la profession a donc fait ce qu'il fallait pour que la loi se réalise.

C'est le cas des principaux fabricants de semi-conducteurs qui utilisent la loi de Moore pour définir leurs produits et les nouveaux procédés de production nécessaires pour les fabriquer. Pour ce faire, ils mettent en place des services qui planifient les objectifs techniques auxquels les ingénieurs doivent répondre pour rester sur la courbe de la loi de Moore. Ces pratiques de planification sont très utilisées par IBM, Intel et Motorola. Chez TI ce sujet ne fait pas partie des discussions de tous les jours, le terme « loi de Moore » n'est jamais prononcé par contre un terme qui revient régulièrement est le programme de « Price Leadership » ce qui revient au même car cela veut dire être en tête devant les entreprises qui utilisent les lois de Moore comme ligne de conduite donc de fait les prendre aussi en compte.

A postériori, il semble que les sociétés japonaises ont fait de la loi de Moore le guide de l'innovation dans les semi-conducteurs. Des erreurs d'interprétations des potentialités comme sur la mémoire Flash ont pu être faites mais globalement les Japonais ont du succès dans l'introduction qu'ils font de nouveaux produits.

12- Le PC

Les premiers grands utilisateurs des microprocesseurs qui d'ailleurs ont fait leurs succès sont les fabricants d'ordinateurs personnels. Dès la fin des années 70, plusieurs entreprises américaines avaient proposé des micro-ordinateurs qui intéressaient les clients pour leur usage personnel, certains à la limite de l'utilisation ludique, certains un peu plus généralistes. L'offre des principaux constructeurs en 1980 est principalement constituée par celle d'Apple, Atari, Commodore, Sinclair, Tandy et TI :

-L' Apple II, est le plus vendu des micro-ordinateurs, il comporte un moniteur et un lecteur de disquettes. La commercialisation est faite par un certain Steve Jobs, co-fondateur de la société Apple avec le concepteur Steve Wozniac dit Woz, et Ronald Wayne.

-Les Atari, sont probablement pénalisés parce que la marque est considérée comme celle d'un fabricant de jeux, ce qui est considéré péjorativement par certains utilisateurs potentiels professionnels.

-Les produits de Commodore dont le PET (Personal Electronic Transactor) sont plutôt appréciés pour leurs aspects éducatifs ou ludiques.

-Le ZX81 de Sinclair bénéficie de la renommée de son prédécesseur qui a eu un gros succès le ZX80. Ce ne sont pas ses performances techniques tout à fait moyennes qui le font choisir, mais son prix et parfois même uniquement sa notice qui permet aux débutants en informatique de s'initier à la programmation en langage BASIC qui, fait assez rare est expliquée d'une manière compréhensible par tous. Le BASIC (Beginner's All-purpose Symbolic Instruction Code), c'est l'Instruction pour code symbolique d'usage général des débutants.

-La gamme de Tandy avec les modèles I, II ou III et Color Computer, ayant eu un joli succès, de nombreux fabricants ont développé des extensions.

-Le TI-99/4 présenté par Texas Instruments en juin 1979, est suivi par un produit plus professionnel le TI-99/4A qui sort en juin 1981. C'est le premier ordinateur personnel à utiliser un microprocesseur 16 bits le TMS9900. Mais l'ordinateur a un problème technique, la carte mère a été optimisé pour le processeur TMS9985 qui est remplacé par le TMS9900 sur une carte mère non adapté avec adressage de la DRAM sur 8 bits perdant les avantages du 16 bits.

En 1977, IBM sort son système 34 qui est un produit de milieu de gamme, mais son président Frank Cary pense qu'IBM devrait s'intéresser à un produit plus proche des micro-ordinateurs. Il pense que pour IBM qui est le spécialiste incontesté des gros équipements informatiques cela ne devrait pas être un problème de faire un petit appareil donc moins complexe. Cela est en fait un très gros problème pour deux raisons, la première est que le micro-ordinateur n'est pas considéré par certains dans l'entreprise comme un produit qui mérite qu'IBM, s'y intéresse et la deuxième raison est que la culture, donc les procédures et l'organisation d'IBM vue sa taille, ne sont pas adaptés à ce type de produit. Le PDG pense qu'il faudrait sortir un produit sous un an, mais les propositions internes donnent un délai de l'ordre de 4 ans. Ce genre de problème n'est pas particulier à IBM, mais est la contrepartie des grandes structures. Chez Texas Instruments, qui emploie près de 70.000 personnes réparties dans une cinquantaine de localisations différentes pour ne parler que de sites de production, il a été créé pour éviter cet inconvénient, un réseau dit IDEA le « réseau idée », qui est constitué de correspondants particuliers, un par centre, que tout employé est autorisé à contacter directement sans passer par la voie hiérarchique, pour signaler une idée, un problème,.... Mieux, chaque correspondant local a un budget sur lequel il peut débloquer des fonds instantanément pour financer une idée sans avoir à suivre la procédure, quitte à lui de justifier à postériori l'usage qui en a été fait pour réalimenter son budget. Il y a 90 centres de profit, les PCC (Product Cost Center) centres de profit produit qui fonctionnent comme des entreprises de taille moyenne. A cette époque, une étude américaine, ayant été publiée dans un livre intitulé « Search of Excellence », traduit en français sous le titre « Le prix d'excellence », expliquait *« qu'une des conditions nécessaires à l'efficacité est de créer des sous-entreprises de taille suffisamment petites pour être gérables efficacement »*.

En 1980, devant l'incapacité qui frôle l'obstruction de l'organisation interne, le président d'IBM décide de recréer l'organisation des entreprises qui produisent déjà des micro-ordinateurs parfois dans des installations rustiques qualifiées de « garage » et qui en sont parfois de vrais tout au moins à leur début. Bill Lowe qui dirige alors un petit laboratoire de recherche d'IBM à Boca Raton en Floride dans le comté de Palm Beach, propose pour réaliser le PC en une année de la conception à la réalisation, de faire de son laboratoire une structure qui travaille en dehors des contraintes de l'organisation IBM.

Le projet qui porte le nom d'IBM Personnal Computer Model 5150, est donc physiquement externalisé à Boca Raton. Sans contrôle du reste de l'organisation, les développeurs ont carte blanche exonérés des procédures habituelles entre autres de celles de l'engagement des dépenses et de celles du choix des composants dont l'homologation demande habituellement un temps très long. Pour être sûr que l'organisation n'interviendra pas, ils ne reportent qu'à Frank Cary le président d'IBM lui-même qui gère directement le projet. La seule contrainte est le délai. *"On devait faire en un an et à douze, dans un petit laboratoire de Boca Raton (Floride), ce qui demandait à l'époque quatre ans de travail à trois cents personnes"*, se souvient David Bradley, qui fait partie de l'équipe des douze ingénieurs qui à Boca Raton travaillent sur le projet. C'est lui qui a inventé la combinaison de touches « Ctrl-Alt-Suppr » utilisée pour redémarrer l'ordinateur sans l'éteindre, ce qui fait gagner beaucoup de temps aux développeurs. Cette commande a été choisie car on ne peut pas la faire par inadvertance. Quand il était félicité pour cela, il répondait parait-il « *J'ai peut-être inventé le Ctrl-Alt-Suppr mais c'est Bill Gates qui l'a rendu célèbre.* »

En 1978, Walden C. Rhines "executive vice-président" du groupe des semi-conducteurs de TI (qui par la suite deviendra PDG de Mentor Graphics, filiale de Siemens), fait une présentation du microprocesseur de TI le TMS9900 chez IBM, au groupe qui est en charge du développement de l'ordinateur personnel, le personal computer qui sera appelé par ses initiales le PC. D'après lui, *TI a raté l'opportunité d'être le fournisseur du microprocesseur de l'IBM PC, principalement parce que Intel avait déjà fourni des échantillons en grande quantité du 8086 nécessaire pour sa qualification.* Ce qu'il qualifie dans son livre de « *Biggest blunder, la plus grande gaffe* ». Mais il est aussi possible de penser qu'IBM n'a pas voulu avoir TI comme fournisseur qui pouvait lancer un produit concurrent utilisant le même microprocesseur.

Bill Gates, responsable de Microsoft et son équipe se mettent d'accord avec l'équipe de Boca Raton qui veut se protéger contre un éventuel procès en plagiat pour que Microsoft serve de « pare-feu » en gérant le système d'exploitation du PC et le PDG d'IBM signe pour cela une commande de 430.000 $. En décembre 1980, Microsoft, pour tenir sa promesse de fournir le système d'exploitation pour le PC achète à la société Seattle Computer Products pour 10.000$, plus 15.000 $ par client industriel (OEM) à qui il serait vendu, une licence non exclusive du 86-DOS dérivé du Q-DOS. QDOS signifie « *Quick and Dirty OS* », « *système d'exploitation vite fait mal fait* ». Microsoft déclare la vente à un client donc paye 25 000$ sans préciser que le client sera IBM. En mai 1981 Microsoft débauche Tim Paterson le programmeur qui avait développé chez Seattle Computer Products le

86-DOS, pour en faire une version pour le processeur 8088 sous le contrôle de l'équipe d'IBM de Boca Raton qui en écrira le mode d'emploi.

Un mois avant la sortie de l'IBM PC, soit en juillet 1981, Microsoft achète à Seattle Computer Products pour 50.000$ tous les droits du 86-DOS et formalise la vente à IBM sous la forme d'une licence non-exclusive sous le nom de PC-DOS 1.0, qui sera ensuite rebaptisée MS-DOS (abréviation de MicroSoft Disk Operating System) et renommé en MS-DOS 1.0. Par la suite, Microsoft vend également cette licence à d'autres sociétés. L'achat par Microsoft de tous les droits sur le 86-DOS se monte donc à 75 000 $.

Ce qui fait dire à Steve Jobs « *Bill Gates n'a rien inventé* ».

Le PC est présenté à New York, lors d'une conférence de presse dans l'hôtel Waldorf-Astoria, le 12 août 1981. Il est disponible en janvier 1983 en Europe, son nom, le Personal Computer d'IBM, ou l'IBM 5150. Le prix est de 3000 à 4500 $ suivant les versions. Pour sortir rapidement son PC, contrairement aux habitudes d'IBM, l'équipe de Boca Raton a sous-traité ou acheté certaines parties, le microprocesseur qui existait chez Intel et le système d'exploitation à Microsoft qui s'était engagé à le développer.

En décembre 1983, Texas Instruments annonce l'arrêt de la production du TI-99/4A alors que c'était le premier ordinateur comportant un microprocesseur 16 bits le TMS9900, mais sous utilisé.

Le PC IBM 5150 qui est rapidement sur mon bureau avec une mémoire vive de 16 ko avec l'extension maximum à 256 ko, 2 lecteurs de disquettes 5 pouces ¼a comme logiciel un tableur, un traitement de texte et d'un gestionnaire de fichiers. Dès que l'on touche l'interrupteur marche/arrêt, l'ordinateur s'allume/s'éteint.

Au sujet du logiciel de Microsoft, répondant à Bill Gates qui aurait dit : « *si Général Motors avait développé sa technologie comme Microsoft, les voitures couteraient deux fois moins cher et consommeraient deux fois moins d'essence »,* on prête à Jacky Welsh PDG de Général Electrique, les commentaires ci-après : « *si Général Motors avait développé sa technologie comme Microsoft, les voitures d'aujourd'hui auraient les caractéristiques suivantes »:*
-La voiture aurait 2 accidents sans raison 2 fois par jour.
-Chaque fois que les lignes blanches seraient repeintes il faudrait changer la voiture. La voiture pourrait quitter la route sans raisons connues.
-Les voitures ne seraient livrées qu'avec un seul siège et exigeraient une même taille pour tout passager.
- Avant de s'ouvrir, 'airbag demanderait êtes-vous sûr ?
-Occasionnellement, la condamnation centralisée se bloquerait. Vous ne pourriez la rouvrir qu'au moyen d'une astuce, comme par exemple simultanément tirer la poignée de la porte, tourner la clé et d'une autre main attraper l'antenne radio.
-General Motors vous forcerait à acheter un jeu de cartes routières de luxe de la société Rand McNally depuis peu

filiale de GM. Sans cette option, la voiture roulerait 50% moins vite.........
-Enfin, il faudrait appuyer sur le bouton démarrer pour stopper le moteur »

Le fait que l'ordinateur personnel (PC) soit produit par IBM donne de la crédibilité au concept, car jusqu'à ce moment-là, l'informatique n'est vraiment prise au sérieux par les acheteurs professionnels potentiels que s'il s'agit de gros équipements, domaine dans lequel IBM est en tête, les fabricants d'ordinateurs personnels étant souvent considérés comme des bricoleurs géniaux qui fabriquent dans un garage ! Même si au dire de certains, en ce qui concerne le PC ce ne serait qu'une légende.

Apple sort un ordinateur personnel appelé le Macintosh, qui est présenté le 24 janvier 1984. Son nom aurait été choisi, car ce serait celui de la pomme (apple) préférée de Jef Raskin responsable du projet chez Apple. En fait le nom de la pomme s'écrit McIntosh. A l'oral, la prononciation du Macintosh est bien la même que celui de la pomme McIntosh, mais l'orthographe du nom a été modifiée pour des raisons juridiques car une société américaine du secteur électronique basée à Binghamton, dans l'état de New York, fondée par Frank McIntosh portait déjà ce nom. Steve Jobs avait lui-même décidé que son ordinateur serait construit avec un microprocesseur Motorola 68000. Il avait donné comme seule consigne à ses collaborateurs *« de faire un ordinateur incroyablement génial»* suivant une de ses expressions favorites, sans s'occuper du prix. Pour cela ils prévoient

128 Ko de mémoire vive. Le système et l'affichage à l'écran ne devant pas en consommer plus de trente pourcents le reste étant réservé aux autres applications. Lorsque DEC (Digital Equipement Corporation) en 1978 sort le VAX11/780 et s'empare rapidement du marché des mini ordinateurs cela aurait pu donner naissance à un fabrication d'ordinateurs personnels, mais Ken Olsen le créateur de DEC ne crut pas en l'avenir de l'informatique individuelle et Digital manqua le virage du PC. Lorsqu'en août 1984, DEC démarre une unité de production à Sophia Antipolis, Yves Ignazi de TIF en sera le DRH.

Ce sont les puces (les microprocesseurs) entre autre qui ont permis le succès des ordinateurs personnels, auprès du grand public, Intel ne s'y est pas trompé en faisant appliquer sur le produit fabriqué par ses clients la mention «Intel inside », Intel à l'intérieur. Mais, acheter un microprocesseur, une licence MS-DOS à Microsoft et regarder comment IBM a construit son PC en faisant du reverse engineering, du rétro développement, d'autres entreprises pourront le faire, ce qui fait que le PC d'IBM permet rapidement la fabrication de clones faciles à vendre si le prix est très inférieur à celui d'IBM.

C'est IBM qui a sorti le premier PC vendu en grande quantité, mais il sera rapidement cloné, par contre, Intel et Microsoft, arriveront à garder le contrôle de leur produits jusqu'à en faire un quasi monopole alors que le marché est en pleine croissance. Mieux, en 1993, Intel deviendra le numéro un des fabricants de puces et Bill Gates en 1996, l'homme le plus riche du monde. De son côté Apple saura faire ce qu'il faut pour ne pas être

cloné et se différencier du PC IBM, et gagner beaucoup d'argent….au début, puis périclitera et ne devra son sursaut qu'au retour de Steve Jobs.

Lors d'un passage à Hong Kong, j'apprends que l'ordinateur Amstrad, PC vendu bien moins cher que celui d'IBM, est fabriqué dans le nord du quartier de Kowloon. J'arrive à obtenir un rendez-vous avec le responsable de l'unité de production, par l'intermédiaire d'une société française à Hong Kong, la Compagnie Olivier spécialiste de l'import- export installée en Chine depuis 1860. Le responsable qui me reçoit à Kowloon veut bien faire des affaires mais n'est pas très ouvert à l'idée de me faire visiter son atelier. Après discussion et voyant que je connais très bien le sujet il change complètement d'attitude et me fait visiter en détail son atelier, demandant mon avis sur tout ce qu'il me montre. La visite dure longtemps car ses questions sont nombreuses. A la fin il me demande pour combien de temps je suis à Hong Kong, parce qu'il voudrait me faire voir autre chose. Comme je pars le lendemain car j'ai des rendez-vous dans d'autres pays de la région et que je dois repasser à Hong Kong dans une quinzaine de jours, il me demande de le rappeler à mon retour. Ce que bien évidemment je fais. Nous prenons rendez-vous, je vais le voir et il me dit, j'ai une surprise pour vous. Nous allons dans l'atelier d'assemblage des ordinateurs, mais.....ce ne sont plus des PC Amstrad, mais des PC IBM qui sont sur la ligne d'assemblage. En regardant de plus près, je vois que certains composants sont différents et qu'il y a plus de blouses blanches sur la ligne, d'où j'en déduis que le plan qualité doit être plus sévère. Après la visite je fais quelques calculs pour trouver que la différence de coût de revient entre les deux marques devrait être d'environ 500 francs. Ceci est vraiment beaucoup moins que la différence entre les prix de vente. Quelque temps après en discutant avec des responsables d'IBM, je n'obtiens pas d'informations chiffrées sur le coût de revient du PC, ce qui est normal et que d'ailleurs je n'avais pas demandé, mais j'ai confirmation que dans le coût de revient, comme pour toutes les productions de la marque, il y a l'amortissement des frais d'études, les frais commerciaux et surtout comme dans tous les grands groupes, les frais généraux alloués, qui sont très élevés vu la taille du groupe.

Les entreprises qui se sont développées avec l'arrivée de l'IBM 5150, vont, comme Compaq, utiliser la rétro-ingénierie pour créer leur propre PC. Dell, AST ou HP émergent aussi avec des clones de l'IBM PC. Le marché de l'ordinateur est en pleine expansion, ce qui va "favoriser l'émergence définitive des géants, qui sont à l'origine du succès du PC : Intel et ses microprocesseurs et Microsoft avec son système d'exploitation. Celui-ci acheté 75.000 dollars à Seattle Computer Product sans signaler que le client final est IBM, lui coutera plus cher, car en 1986, Seattle Computer Product gagne le procès qu'il lui a intenté. Le tribunal « *estimant que le prix du système d'exploitation était très sous-estimé et aurait dû être de un million de dollars, Microsoft est donc condamné à payer un complément de 925.000 dollars au prix qu'il avait déjà payé* ».

IBM, qui a l'origine du PC a profité d'un quasi-monopole pour s'imposer, va se retrouver rattrapé et dépassé. Le système ouvert a permis le développement d'un nouveau marché, celui des « compatibles ». En plus, le marché des gros ordinateurs (mainframes), qui procurait à IBM l'essentiel de son profit, souffrira un peu de l'arrivée des PC.

Des nouveaux venus comme Dell et Gateway vont chercher à tirer leur épingle du jeu en introduisant dans leur stratégie une certaine originalité, pour obtenir des coûts de revient compétitifs, ce qui leur permet de proposer un PC à un prix de vente inférieur à celui d'IBM. L'analyse de leur stratégie est très instructive pour qui s'intéresse aux coûts de revient. Michael Dell qui a créé son entreprise à 19 ans en 1985 au Texas en lui donnant son nom, a basé son activité en associant la fabrication avec des options choisies par l'acheteur (donc se rapprochant du sur mesure) et avec la vente directe. Il installe sa fabrication pour l'Europe en Irlande pour gagner sur les impôts et les taxes, profiter d'une main d'œuvre qualifiée et peu chère et bénéficier de subventions pour les investissements. De même, il gère ses stocks a des niveaux beaucoup plus bas que ceux de ses gros concurrents, par exemple, 20 jours de stocks pour les composants électroniques, soit en moyenne 4 fois moins que la profession. Le prix des composants électroniques baissant sans arrêt, il les paye donc moins cher que les autres assembleurs de 15 à 20% de la baisse annuelle, sans compter le coût financier des stocks. Eckhard Pfeiffer, ancien vice-président de Texas

Instruments reprendra certains de ces concepts et des idées de Dell, lorsqu'il sera en fin de l'année 1991 nommé à la tête de Compact (Compaq est l'abréviation de COMPatibility And Quality). J'ai connu Eckhard Pfeiffer en 1975, lorsqu'il était chez TI, nommé responsable des produits grand public en Europe basé à Villeneuve-Loubet ayant son bureau dans les locaux de TIF avec dans son équipe, Michel Motro, Jean Pierre Dollait et Guy Giraud.... Il quitta TI pour créer Compaq Europe en Allemagne. On retrouvera Michel Motro vice-président de ST Microélectronique, Jean-Pierre Dolait vice-président exécutif marketing et ventes pour l'Europe de Thomson et Guy Giraud restant fidèlement chez TI.

Les nouveaux modèles de PC sortent avec une fréquence rapide, d'où la présentation humoristique d'un autre **« Syndrome d'Intel »** **qui s'énonce :** *« tout ordinateur est obsolète au plus tard à son déballage »*

Depuis 1990 pour Apple c'est le déclin. Les produits d'Apple ont perdus au fil des ans de leur avance technologique tout en restant de l'ordre de 10% plus chers que les PC d'IBM. Ce qui fait dire alors à certains journalistes spécialisés que *« la seule différence entre les PC d'IBM et les Macintoshs est le prix »* (plus cher pour ces derniers). Les PC IBM ont toujours été moins chers que le Macintosh, mais les utilisateurs de ces derniers y trouvaient en compensation des avantages technologiques. Apple, se lance sur le marché de l'entrée de gamme avec des machines abordables, et lance trois nouvelles machines Performa en octobre 1990. Ces trois machines se vendent bien, mais les marges d'Apple sur celles-ci sont plus faibles que sur les modèles antérieurs. Ces efforts ne sont pas suffisants pour améliorer et même pour maintenir le niveau des ventes et la part de marché d'Apple continue à diminuer régulièrement pour atteindre un niveau de l'ordre de quelques pour cent, pendant que les compatibles prospèrent de même que leurs fournisseurs. En 1996, Apple ne contrôle qu'une faible part du marché de la microinformatique, alors qu'en ce qui concerne leurs produits, Intel pour les microprocesseurs et Microsoft pour le système d'exploitation Window, contrôlent presque la totalité des ventes dans leur secteur. En réponse à cela, **Apple lance un programme de licence de son système d'exploitation, permettant ainsi à d'autres entreprises de copier de fait les produits Apple. Ces machines sont d'ailleurs connues sous le nom de «clone» alors qu'Apple avait tout fait et y était arrivé pour que le Macintosh ne soit pas cloné comme c'était le cas du PC IBM.** Ces clones étaient censés faire regagner à Apple des parts de marchés, mais ne l'ont pas permis car les parts de marché que les clones grignotaient étaient justement celles du Macintosh.

Apple, qui est dans une situation difficile et qui recherche un nouveau système d'exploitation pour ses ordinateurs Macintosh rachète le 20 décembre 1996 la société NeXT Software pour 429 millions de dollars. La société NeXT Computer a été fondée en 1985, après son départ forcé d'Apple, par Steve Jobs. Elle est devenue NeXT Software en 1993. Steve Jobs qui a reçu 1,5 million d'actions est nommé conseiller spécial d'Apple, mais rapidement il en prend la direction. Parmi ses premières décisions, il y a l'arrêt de la commercialisation des clones et le remplacement des dirigeants aux postes clé d'Apple par les hommes clé de NeXT, dont deux français anciens de l'INRIA, Bertrand Serlet et Jean-Marie Hullot qui sera à l'origine de l'iPhone d'Apple, pour avoir proposé l'idée à Steve Jobs bien avant qu'il ne l'adopte. Une plaisanterie qui ne faisait pas rire tout le monde à ce moment-là, et en particulier les dirigeants d'Apple qui avaient permis à Steve Jobs de revenir, disait « *qu'Apple avait donné beaucoup d'argent pour se faire racheter par NeXT, c'est à dire par Steve Jobs ! »*.

En 1997, l'entreprise chinoise Legend détrône les trois plus importants vendeurs de PC de l'époque, IBM, Compaq et Hewlett-Packard en vendant plus d'unités que chacun d'eux. Par contre les PC chinois sont construits avec des microprocesseurs Intel. IBM pour résister a même fait une joint-venture avec Legend pour le développement de programmes en chinois et même pour fabriquer des PC sous la marque « Grande Muraille ».

Le 15 aout 1998, la société Apple lance l'iMac un nouvel ordinateur. Suivant son habitude, Steve Jobs s'intéresse à tous les aspects du produit y compris les couleurs et les noms et veut faire «*un produit tout-en-un, avec un clavier, un moniteur, à un prix maximum de mille deux cents dollars, prêt à l'utilisation à peine sorti de son emballage»*. Il sera dans un boitier en plastique translucide contenant l'écran de 15 pouces et l'unité centrale. Le plastique est bleu dit « bleu Bondi » couleur inventé par Apple, sorte de bleu turquoise qui serait celui de l'eau d'une plage australienne. Par la suite il y aura d'autres couleurs, fraise, myrtille, citron vert, raisin, mandarine, rubis, bleu dalmatien. Dans le trimestre qui suit sa mise sur le marché, plus de 800.000 unités sont vendus. L'iMac, c'est-à-dire Steve Jobs, permet à Apple de générer à nouveau des bénéfices.

En 2005, IBM vend sa division PC à la société chinoise Lenovo anciennement Legend qui a changé de nom en 2003. Cette acquisition permet à Lenovo d'être au troisième rang mondial des fabricants d'ordinateurs personnels, derrière Dell et Hewlett-Packard. Dell ayant pris la place qu'avait Compaq en 1997.
A l'origine, IBM grâce à sa réputation professionnelle avait aidé la vente de PC vis-à-vis de marques à connotation ludique. Puis, les marchés des PC commencent à faiblir mais c'est un revirement de la situation, seul celui destiné aux jeux se porte bien.   En 2020, les journaux économiques affichent des titres révélateurs *« Le jeu vidéo dope le marché du PC »,   « Le fabricant de puces Nvidia porté par l'essor du gaming »*. En effet Nvidia produit des processeurs et des cartes graphiques adaptées à ce type de programmes d'animation.
« Les PC pour jouer représentent 17 % du marché total des PC au premier semestre de l'année 2019»*.
En moyenne, ces ordinateurs coûtent 2,4 fois le prix d'un PC classique.

13 – *Une histoire de Bus*

Il ne s'agit pas de généalogie, mais presque. Avec le mot «PC», le mot «bus» est en même temps apparu pour le grand public. Le «bus», qui existait bien avant l'informatique, est un ensemble de liaisons physiques (câbles, rails, pistes conductrices, etc.) pouvant être exploitées en commun par plusieurs éléments matériels afin de se connecter, soit pour transporter de la puissance (courants forts), soit des informations (petits signaux électriques). Les premiers usages des bus étaient pour amener du courant aux différentes machines. Ces machines peuvent être fixes par exemple dans un atelier industriel ou être mobiles et utilisant l'électricité pour se mouvoir ainsi un pont ou un portique roulant qui ont besoin d'électricité pour alimenter le moteur électrique qui entraine le système pour se déplacer et pour alimenter le treuil dont ils sont équipé prend le courant par frottement de contacts sur un câble électrique nu appelé bus. La caténaire des chemins de fer ou des trams est un bus.

En informatique, les bus ont pour but de réduire le nombre de « voies » nécessaires à la communication des différents composants, en mutualisant les communications sur une seule voie de données. Un bus est caractérisé par le volume d'informations transmises simultanément et par sa vitesse. Le volume d'un bus est exprimé en bits et correspond au nombre de supports matériels qui envoient des informations en même temps. Un faisceau de n fils est dit de n bits. D'autre part, la vitesse du bus est également définie par sa fréquence (exprimée en Hertz), cela indique le nombre de paquets de données envoyés ou reçus par seconde. Mais dans les microprocesseurs qui ont en interne la même structure qu'un ordinateur, il y a également une structure où tous les ensembles fonctionnels dialoguent entre eux par l'intermédiaire de liaisons commune, le bus.

Au Moyen-Age, en France, le mot «bus» signifiait «bois» au sens arbre du terme. Mes ancêtres à cette époque-là qui s'appellent «de Bus des Lions» ont comme armoiries un tronc d'arbre entouré de deux lions. Les armoiries avaient comme avantage que même les gens illettrés savaient dire le nom de leur propriétaire en interprétant au premier degré celles-ci.

Il y a environ un millénaire, peut-être plus, pour faire des tuyaux, c'est à dire pour conduire l'eau d'un point à un autre, des troncs d'arbre étaient creusés, c'est le nom de «buse» ou de «conduite» qui leur étaient donné. Les deux mots sont restés dans la langue française pour désigner le même objet à savoir un tuyau de diamètre justement de la dimension d'un tronc d'arbre. Mais, dès cette époque-là, le sens abstrait du terme «bus» signifiait donc aussi «ce qui conduit». Par exemple, dans les usines lorsque l'électricité est devenue la source d'énergie, c'est sur un bus qu'étaient connectés l'ensemble des machines. En informatique, le terme «bus» s'emploie pour tout type de liaison partagée par des dispositifs dont les caractéristiques et le nombre ne sont pas fixés à l'avance. Le mot «bus» est donc un mot français, c'est ce que j'ai expliqué au responsable de la sous-commission de l'académie française dont je faisais partie et dont le rôle était de proposer une version française de mots étrangers utilisés dans le domaine de l'électronique et de l'informatique dont l'usage se répandait en France. Comme dans un autre secteur, oléoduc avait été proposé pour remplacer pipe-line. Puisque « bus » est un mot français il n'avait pas à être remplacé pour être utilisé en France.

Une autre expression s'est répandue avec la naissance des puces, c'est « salle blanche ». Comme la gravure des circuits est obtenue par photolithographie il faut qu'elle soit réalisée hors poussières sous peine de générer des défauts, les poussières se trouvant dans l'air pouvant être de dimensions supérieures à celles des gravures. Comme les gravures sont de plus en plus fines il faut de moins en moins de poussières pour ne pas augmenter la probabilité d'avoir des défauts. En parallèle, les équipements de fabrication utilisés doivent être de plus en plus précis avec pour conséquence une augmentation de leur prix d'achat. L'ensemble salle blanche comprenant le local et les équipements qui s'y trouvent permettant la réalisation de puces est appelé « fonderie », un mot qui existait déjà, mais avec une autre définition apparue avec les semiconducteurs. Son coût augmente exponentiellement avec la finesse de gravure d'où une autre loi empirique de la Silicon Vallée

La loi de Rock : *Le coût de fabrication d'une fonderie de puce double tous les quatre ans.*

Arthur Rock, sait de quoi il parle car c'est un investisseur de la Silicon vallée orienté vers l'investissement dans les entreprises du secteur des puces et il voit les besoins en capitaux augmenter régulièrement. Le coût de construction d'une salle blanche Classe 1, coûte 2 fois le prix de celle d'une classe 100, non comptés les équipements de production et l'entretien coûte 20% plus cher. Le coût d'une salle blanche avec ses équipements est bien évidemment fonction de sa capacité de production ce qui définit le nombre d'équipements et la taille de la salle, mais dans les sociétés comme Intel, le coût se chiffre en milliards de dollars. TSMC a investi 17 milliards de dollars pour l'usine de puces de 5 nanomètres du Southern Taiwan Science park, prévue opérationnelle en 2020. La capacité annuelle de production sera de 1 million de plaquettes de 300 mm, et l'usine emploiera 4 000 personnes, portant l'effectif total du groupe sur le Southern Taiwan Science Park à 14 000 personnes. TSMC accélère ses investissements. Le fondeur taïwanais de semi-conducteurs, qui compte 48 700 salariés dans le monde, prévoyait en 2019, un accroissement d'investissement d'environ 50% par rapport aux 10,2 milliards de dollars dépensés en capital en 2018.

14- La montre électronique

Au courant de l'année 1969, j'ai un entretien avec un candidat ingénieur qui a envoyé une lettre de candidature spontanée. L'entretien se passe bien, le candidat est ingénieur de l'Ecole Polytechnique de Grenoble, diplômé de l'INSEAD de Fontainebleau. En termes de personnalité, il correspond aux critères recherchés par Texas Instruments, c'est à dire être capable de devenir PDG. Je lui demande, dans quel délai pensait-il pouvoir venir, au cas où une proposition lui serait faite. *« Je dois avant tout par honnêteté vous dire que si vous m'embauchez, je ne resterai dans votre société que 2 à 3 ans, maximum »* me dit-il. *« Pourquoi ? Que comptez-vous faire après? »* *« J'irai travailler avec mon père. »* *« Et que fait votre père ? »* *« Mon père dirige la société Yéma dont il est le PDG fondateur».* Yéma est une société horlogère française, créée en 1948 par Henry Louis Belmont, à Besançon dans le Doubs. Depuis sa création, la marque Yéma conçoit des montres spécifiquement prévues pour la plongée, la course automobile, la conquête de l'espace ainsi que les sports de voile. *« Et pourquoi, n'allez-vous pas travailler directement avec votre père? »* *« Parce qu'il préfère que je fasse mes erreurs de débutant ailleurs que dans son entreprise ! ».* Comme c'était un candidat de valeur et qu'à l'époque de plein emploi, les grandes entreprises, surtout dans l'électronique se disputaient les meilleurs candidats dont il me semblait qu'il faisait partie, une proposition qu'il accepta lui fut faite. Il resta peu de temps chez TI, démissionna, et alla travailler chez son père et deviendra en 1985, PDG de Yema. Par la suite il deviendra un acteur important de la haute horlogerie en Suisse.

Le fait d'embaucher des cadres à fort potentiel ne permettait pas de donner à tous une promotion très rapidement. Ceux qui n'avaient pas eu de promotion 2 ans après leur arrivée, démissionnaient pour retrouver facilement un poste que Texas Instruments n'avait pas pu leur donner, le passage chez TI étant un point positif de plus dans leur Curriculum Vitae. Ceux qui avaient eu une première promotion, et n'en avait pas eu une autre dans un délai suffisamment proche à leur goût, se laissaient tenter par les propositions de chasseurs de tête très actifs auprès des cadres de TIF et démissionnaient alors également. Cela explique en partie le fort renouvèlement des cadres, durée de vie moyenne 3 à 4 ans. Lorsqu'ils quittaient TI pour un poste à responsabilité, sauf si c'était pour aller chez un concurrent, ils devenaient de bons clients, ce n'était pas par copinage avec leurs anciens collègues restés chez TIF, mais parce qu'ayant une bonne connaissance de l'entreprise et ayant la même culture, cela au moins au début facilitait les relations. Cela se passe ainsi également dans d'autres secteurs comme dans les sociétés conseil internationales. Par exemple McKinsey estime qu'une grande partie de ses clients sont des anciens de l'entreprise.

Ma rencontre avec le fils du PDG de Yema me rappela les discussions que j'avais, eues avec Fred Lip PDG de Lip la grosse société d'horlogerie française de l'époque que tout le monde connaissait car à la radio avant chaque bulletin d'information était diffusé le message « *Lip vous donne l'heure exacte ».* J'avais fait sa connaissance en participant au groupe de réflexion crée à l'automne 1968 par le CNPF (Centre National du Patronat Français, nom précédant du MEDEF- Mouvement des entreprises de France). Ce groupe de réflexion invitant les entreprises considérées comme avant-gardistes en termes de gestion du personnel, où j'y représentais TI pour y parler du système de salaire au mérite et pour les méthodes de gestion comme la « direction participative par objectifs ». Dans le groupe il y avait entre autre, Jacques Borel, l'inventeur des restauroutes et des tickets restaurant, en début de carrière embauché par IBM chez qui la deuxième année il devint le meilleur vendeur mondial. Il y avait aussi de nombreux autres chefs d'entreprise français dont Yvon Gattaz, créateur en 1952 avec son frère Lucien de l'entreprise Radiall fabriquant des Composants électroniques d'interconnexion à Voiron près de Grenoble. Par la suite Yvon Gattaz est devenu président du CNPF et Pierre Gattaz son fils deviendra président du MEDEF.

Lorsqu'il apprend que je travaille chez TI, Fred Lip m'indique que l'évolution de l'électronique l'intéresse beaucoup, que sa famille s'est toujours intéressé a l'évolution technologique, ainsi son père a utilisé dès 1904 les premiers cadrans phosphorescents au monde mis au point à sa demande, permettant de lire l'heure d'une montre la nuit. Les auteurs de cette invention sont Pierre et Marie Curie qui avaient reçu le prix Nobel de physique un an auparavant pour leur recherche sur les radiations. Fred Lip m'indique qu'il avait d'autres activités que celle de la fabrication de produits horlogers. Il produisait également des machines-outils dont des rectifieuses , et il avait une activité de sciage de barreaux de silicium monocristallin raffiné pour produire des tranches de silicium destinées à la fabrication des puces. Les machines à scier les barreaux à dentures intérieures ayant été développées chez Lip.

Quelques semaines après son embauche, le fils du PDG de Yéma m'indique que son père « *pense que TI devrait envisager de faire une montre électronique car ceci est possible depuis 1967 avec l'invention de la montre à quartz* ». Cette année-là, les deux premiers mouvements à quartz pour montre sont présentés, l'un par le Centre Électronique Horloger en Suisse et l'autre par le centre de recherche et développement de Seiko. Les Japonais avec l'aide des Suisses s'étaient mis à l'horlogerie depuis plusieurs années. La première montre-bracelet à quartz commercialisée, la Seiko Quartz Astron 35SQ, apparaît en 1969. Les entreprises horlogères américaines qui pouvaient pourtant bénéficier du support des entreprises électroniques voisines n'utilisent pas tout de suite leurs compétences pour les appliquer à l'horlogerie, les Japonais réagissant plus rapidement.

Henry-John Belmont me transmet la proposition de son père de nous fournir un dossier sur la définition d'une montre en termes de fonctions logiques. Je le remercie de cette proposition, l'assurant que je la transmettrai à la direction. Une fois le dossier reçu, je le montre à mon supérieur hiérarchique immédiat Pierre Viaud qui me dit qu'il faut en parler au PDG de TIF. Le PDG de TIF me dit tout l'intérêt que cette idée pouvait représenter pour TI et qu'il fallait l'envoyer à Dallas. Je propose de lui laisser le dossier pour lui permettre de le faire parvenir à Dallas, à ma grande surprise il me dit de l'envoyer moi-même en m'indiquant à qui l'envoyer. Assez peu de temps après, le PDG reçoit un télex (les fax et les mails n'existant pas encore) dont je suis en copie. Le PDG s'y fait reprocher par un membre du « Corporate », la direction générale de TI de ne pas surveiller ses jeunes cadres, qui apparemment sont distraits dans leur travail par des préoccupations étrangères à celui-ci. Je suis en copie parce que l'on me demande *« de ne transmettre et de ne parler du dossier à personne et de le détruire »*. Cette réponse est très surprenante parce qu'elle n'est pas dans le style de TI. Est-ce que le style est en train de changer ou est-ce le style des membres du Corporate ou est-ce qu'il faut interpréter, par exemple que stratégiquement TI travaille ou a l'intention de travailler sur une montre électronique et que tactiquement le plus grand secret est prévu jusqu'à ce que le projet soit prêt à être officiellement annoncé ? Plusieurs mois se passent et je reçois un autre télex dont le signataire est le même que celui du télex dans lequel il m'est dit de détruire le dossier. Personne d'autre que moi n'étant destinataire. Il m'est demandé de renvoyer une copie du dossier sur la montre en termes de fonctions logiques! Sans explications, ce n'est toujours pas le style TI. Je commence par penser que c'est une demande pour vérifier si j'ai bien respecté les consignes et réponds donc que je suis très occupé par mes tâches quotidiennes qui sont prioritaires. Je demande si je dois faire des démarches pour me procurer à nouveau un dossier et si cela est urgent. La réponse vient très rapidement, me disant *« qu'il faut tout faire pour renvoyer une copie de toute urgence à Dallas »*, ce que je peux faire « immediatly » car je n'avais rien détruit.

En 1972, une collaboration Ebauche S.A. et Texas Instruments abouti à une montre à affichage à cristaux liquides (Liquid Christal Display) la Longines LCD. L'attitude de mon correspondant à Dallas au sujet du dossier sur la montre électronique veut peut être dire que TI ne s'est intéressé au projet que pour l'aspect affichage LCD, et ne s'intéresse pas à l'aspect montre, mais ne veut pas qu'une rumeur disant que TI veut se lancer dans les montres ne fasse capoter le projet avec Ebauche S.A. qui considèrerait alors TI comme un concurrent. Dans ce cas-là, il n'a redemandé le dossier que pour vérifier certains détails sur l'interface avec le système d'affichage.

Au Japon, plusieurs fabricants d'horlogerie et des entreprises électroniques japonaises coopèrent pour la réalisation de montres à quartz digitales. Ailleurs, l'horlogerie digitale n'attire pas beaucoup d'entreprises autres que celles qui sont déjà dans le secteur de l'horlogerie classique, l'exception est la société Casio qui réussit au Japon et dans le reste du monde. C'est dans le cadre de cette stratégie de diversification qu'elle lance en 1974 une première montre à quartz digitale (Casiotron). Casio fabricant de calculatrices de poche électroniques utilise déjà des technologies proches de celles de la montre à quartz. Les principes des montres réalisées par

Casio sont le tout-électronique, pas de montres en partie mécanique, ni d'affichage avec des aiguilles, mais des prix bas dont Casio à fait l'expérience comme TI, avec la commercialisation des calculatrices.

Chez TI, la montre n'est pas un sujet de conversation, mais je reçois un télex depuis Dallas me demandant d'intervenir auprès de fournisseurs suisses pour obtenir des délais et des prix pour une commande de boitiers-bracelets pour des montres. Il est précisé que la demande m'est faite puisque les fournisseurs sont proches de TIF, en Suisse dans le canton de Vaud francophone où nous avons déjà probablement des fournisseurs pour divers autres produits, donc je pourrai faire la démarche d'une manière discrète. Je pense que TI veut être capable de connaitre le coût de fabrication total d'une montre électronique pour connaitre la part que représente le système d'affichage, et donc d'avoir des arguments pour valider son prix de vente. Le service achat étant maintenant un des services sous ma responsabilité, je charge le responsable des achats que je sais compétent de traiter discrètement cette affaire. Rapidement, il envoie les propositions de prix et de délais à Dallas. Les délais ne donnent pas satisfaction et l'arrivée à Villeneuve-Loubet de deux acheteurs de Dallas m'est annoncée. Ceux-ci, dès leur arrivée me demandent les dossiers et m'annoncent aller en Suisse et déclinent l'offre que je leur fait de les faire accompagner par le responsable des achats de TIF. Là, il n'y a plus de doute, le comportement de mon interlocuteur à Dallas était justifié par la confidentialité du projet de faire une montre électronique. De retour de Suisse, les deux acheteurs de Dallas m'annoncent avoir obtenu tous les délais qu'ils souhaitaient et que dès le mois suivant les premières livraisons arriveraient au Texas et qu'à l'avenir ils géreraient les achats depuis Dallas. Ils me demandent donc de ne plus m'en occuper. Un mois et demi plus tard, j'ai un appel du responsable des achats au Corporate à la direction générale de Dallas me demandant pourquoi les Suisses ne livraient pas et de faire en sorte qu'ils respectent leurs délais. Avec le responsable des achats, nous allons toutes affaires cessantes du côté de La Chaux-de-Fond et sommes reçus par des Suisses amusés qui nous expliquent « *avoir eu la visite de deux grands Texans qui les avaient menacés de rester là tant qu'ils n'auraient pas obtenus les délais qu'ils demandaient* ». Donc ils avaient donné les délais demandés sachant, comme ils le disent « *que des engagements pris sous la menace n'ont aucune valeur* ». En fait nous réalisons que les Suisses ne croyaient pas du tout en ce projet. Nous avons obtenu des engagements permettant de ne pas mettre le projet en péril.

En 1976, TI annonce la sortie de la montre électronique. C'est donc la première hypothèse imaginée qui était la bonne à savoir que stratégiquement TI travaillait sur un projet de montre électronique et que tactiquement le plus grand secret devait être maintenu jusqu'à ce que le projet soit réalisé c'est-à-dire jusqu'à ce que les montres soient disponibles pour être mises à la vente. Evidemment l'envoie du dossier sur la montre électronique aurait pu perturber la confidentialité du projet si une quelconque publicité lui avait été donnée. L'information avait été transmise au Corporate au service Safety and Security chargé de la sécurité et de la sureté de Texas Instruments Incorporated. Mais la consigne de n'en parler à personne ayant été respectée ce qui a été très apprécié à Dallas et qui m'a valu par la suite étant connu au Corporate d'être dans la confidence d'autres projets ou d'être chargé de régler des problèmes ou de donner mon avis sur des sujets qui n'étaient pas directement dans mes attributions.

La montre proposée est à affichage à diode électroluminescente rouge, vendue 19.95 $. Subitement, TI prend une grosse part de marché. Les montres sont fabriquées dans l'usine de TI à Lubbock dans le nord-ouest du Texas au milieu des champs de coton.

Je reçois une, montre, ce n'est pas un cadeau, il m'est bien précisé que la montre appartient à TI mais que je dois la porter et toutes les semaines faire un compte rendu indiquant les variations d'altitude, de température des lieux où je suis allé avec la montre et tous les incidents à son sujet. J'accuse réception de la montre comme demandé et en profite pour faire un certain nombre de remarques. Première remarque, l'affichage LED (Light Emiter Diode –diode à émission de lumière) qui consomme beaucoup de puissance électrique ne peut avoir un affichage continu. Il faut donc appuyer sur un bouton pour voir l'affichage, ce qui est prévu. Apparemment peu de clients sont arrêtés par ce détail car les ventes sont très importantes. Autre remarque, l'horlogerie est une très vieille profession avec ses us et coutumes spécifiques, son réseau de vente est aussi particulier, le court-circuiter peut créer des problèmes. Dernière remarque, la montre donne l'heure affichée numériquement avec précision alors que les montres à aiguilles indiquent l'heure à estimer visuellement ! Quand une personne regarde une montre à aiguilles, en général, elle ne cherche pas à connaître l'heure avec précision, elle cherche à savoir s'il lui reste un peu, beaucoup ou pas de temps avant l'heure où elle doit faire quelque chose par la suite. La preuve est que si l'on demande l'heure à une personne qui vient de regarder sa montre à aiguilles, elle est obligée de regarder à nouveau sa montre pour pouvoir justement donner l'heure. Je n'ai pas de commentaires sur mes remarques.

La seule puce que contient la montre mesure 1/8 pouce par 5/32 pouce, soit environ 3mm x 4mm. Par contre cette puce contient 880 transistors, 64 résistances, 7 condensateurs, et 33 diodes soit 984 composants. Ils sont interconnectés pour réaliser plus de 350 fonctions. La puce compte les vibrations du cristal de quartz contenu dans la montre. Quand 32.768 vibrations ont été comptées, la mémoire dans la montre avance d'une seconde. Elle compte comme cela les secondes suivantes, et après en avoir comptées 60, elle compte une minute. Lorsque de la même manière elle a compté 60 minutes, elle note une heure. Au bout de 24 heures, elle avance dans la mémoire la date d'un jour. Elle est programmée pour reconnaitre les mois de 31 jours à savoir janvier, mars, mai, juillet, août, octobre et décembre, les mois de 30 jours avril, juin, septembre et novembre et le mois de février qui en a 28 ou 29, suivant que l'année est ou n'est pas bissextile. Quand elle a compté 12 mois elle avance dans la mémoire la date d'une année. A toute pression sur le bouton de commande elle sélectionne les segments du système d'affichage à diodes électroluminescentes pour indiquer l'heure. A la deuxième pression sur le bouton de commande sont affichées les heures, les minutes, les secondes, le mois et la date contenus dans la mémoire.

A quelque temps de là, je reçois un appel de Dallas d'un membre du service juridique du Corporate de TI, me demandant de lui dire « *qu'elle était la durée de vie d'une montre électronique* ». Il aurait pu demander à Dallas où toutes les compétences techniques étaient réunies, je suppose que c'est ce qu'il avait fait, mais qu'il voulait également l'avis de quelqu'un de terrain hors des Etats-Unis pour voir si les réponses concordaient. Ce sont probablement ses collègues qui me connaissaient par ailleurs qui lui avaient indiqué mon nom, ou un de ceux avec qui j'avais interféré au sujet de la montre. Contrairement à la mécanique dont le risque de panne augmente dans le temps à cause des problèmes d'usure des composants liés aux frottements entre pièces, pour une puce, en électronique c'est le contraire, il n'y a pas de mouvement et le risque de panne diminue rapidement dans le temps, en début de vie où sont éliminés les problèmes s'il y en a. Donc un composant électronique semi-conducteur au fil du temps a de moins en moins de risque de panne puis le risque devient très faible et reste constant pendant une très longue période, sauf interaction extérieure, surtension, choc mécanique ou thermique,.... C'est pour cela que les composants électroniques destinés à des programmes spatiaux subissent des essais de fonctionnement pendant un millier d'heures et ce dans des conditions plus sévères que celles qu'ils auraient à supporter par la suite. Mon interlocuteur précisa sa question: « *est-ce que la montre peut fonctionner plus de 400 ans?* » « *Pourquoi cette question ?* » lui demandais-je à mon tour. « *Parce que dans la publicité sur la montre il est dit qu'elle est programmée pour connaitre le nombre de jours dans les divers mois, 30 ou 31, et pour février 28 sauf les années bissextiles ou la durée est 29 jours. Mais pour être bissextile le millésime de l'année doit être divisible par 4 mais non divisible par 100, sauf s'il est divisible par 400. Or si ce jour supplémentaire tous les 400 ans du calendrier grégorien n'est pas prévu dans la programmation de la montre et si donc la montre peut fonctionner plus de 400 ans, des associations de consommateurs pourraient considérer que c'est une publicité mensongère et intenter un procès. La question est donc : faut-il prévoir dans la programmation de la montre ce cas qui ne sert que tous les 400 ans ?* ». Ma réponse est : «*oui, il faut prendre en compte ce cas quel que soit la durée de vie théorique d'une montre tout simplement parce que dans 24 ans, l'année 2000 sera une année bissextile justement à cause de ce jour supplémentaire, et si la programmation ne le prévoit pas la montre attribuera seulement 28 jours au mois de février 2000, et là il y aura un problème*».

Moins d'un an après le lancement de la montre à diode électroluminescente rouge TI baisse son prix à 9,95

$. En 1977, TI lance une série StarWar qui remporte un grand succès. Par la suite en 1978, TI produit une montre à aiguilles électroniques, c'est à dire une montre dont les aiguilles s'affichent, il s'agit de la Stardust, elle est la première et apparemment la seule montre à aiguilles dépourvue de toute pièce mécanique. Cette montre possède la particularité d'avoir différents types d'affichage de temps - heures et minutes- minutes et secondes - jour et date - heure dans un fuseau horaire différent. La montre intègre également une fonction chronomètre. Lorsque les produits asiatiques inondent le secteur, TI perd des parts de marché entre autre parce que les montres japonaises ont un affichage à cristaux liquides (LCD) qui est lisible en permanence alors que la montre TI avec son affichage de l'heure à diode électroluminescente rouge éteinte normalement pour limiter la consommation d'électricité pour économiser la pile, nécessite d'appuyer sur un bouton pour voir l'heure. Les ventes de montres à affichage à cristaux liquide explosent et les ventes de TI chutent dramatiquement en 1979. A la fin de 1981, TI arrête sa fabrication de montres, perdant son marché au profit des montres à affichage à cristaux liquides, alors qu'indirectement TI a l'expérience de ce type de montre depuis sa collaboration avec Ebauche SA et que George Harry Heilmeier l'inventeur de l'affichage à cristaux liquides est vice-président de TI. Certains disent que « *TI aurait pu produire une montre à affichage à cristaux liquides mais n'a pas voulu continuer à investir dans un marché considéré à la rentabilité incertaine* ».

« *D'une manière générale les sociétés américaines qui se sont lancé dans la fabrication de montres n'ont pas su se maintenir sur ce marché parce qu'elles n'ont pas mis en place l'organisation entre autre commerciale adaptée à ce type de marché.* » me dira plus tard Nicolas Hayek PDG de la société Swatch lorsque j'irai le voir en Suisse, pour comprendre ce qui s'est passé.

Il m'a raconté que « *responsable d'une société conseil, la société Hayek Engineering, il avait été chargé par le gouvernement suisse de faire une étude prospective sur l'industrie l'horlogère de la confédération helvétique en crise à cause de la concurrence internationale, entre autre celle de TI* ». Les Suisses s'identifiant à l'industrie horlogère considéraient que c'était un point d'honneur, de relever et de gagner le défi. Alors qu'en France l'industrie horlogère était de la même manière chahutée, mais la France ne s'identifiait pas plus à l'industrie horlogère, qu'à d'autres secteurs industriels comme la construction navale, la sidérurgie, le textile,..... La crise est alors vécue avec fatalité et résignation (sauf par les salariés qui allaient perdre leur emploi), d'où la fameuse annonce « *Lip c'est fini* » alors que Lip est une marque horlogère française originaire de Besançon, fondée en 1867 soit 110 ans avant sa liquidation judiciaire.

Nicolas Hayek m'explique : « *au début des années 1980, près d'un milliard de montres bracelets sont fabriquées dans le monde. Quatre-vingt-quinze pour cent d'entre elles sont commercialisées moins de cent francs suisses, quatre pour cent ont un prix de vente de quelques centaines de francs suisses et un peu moins de un pour cent sont vendues à un prix supérieur sans chiffre plafond. C'est cette seule dernière catégorie dont la Suisse avait un quasi-monopole qui donnait lieu à des fabrications nationales ».* L'industrie horlogère suisse ne s'intéressait qu'au très haut de gamme, dont elle avait le quasi-monopole qui s'appelle la « haute horlogerie » par similitude avec ce qui existe particulièrement en France dans l'habillement, la « haute couture ». *« Sur cette catégorie, pas de pression sur les prix. Les Suisses n'avaient pas fait le raisonnement tiré des courbes d'expérience, que le volume de production plus important amène des grandes séries permettant d'obtenir des coûts de revient sur les composants intéressants et justifient des investissements de production performants qui profitent également aux fabrications spécifiques »,* ce qui est vrai dans tous les secteurs industriels, dont l'électronique. *« Il paraît que la planète compte 2142 milliardaires, 10 millions de millionnaires. Il reste donc plus de 6 milliards de gens qui ne sont ni milliardaires, ni millionnaires. Ce sont eux qui m'intéressent,* me dit Nicolas Hayek, *car ils doivent aussi acheter des montres. Or pour conserver une industrie qui fonctionne, il faut des usines, des ingénieurs, des laboratoires, et pour amortir cela il faut faire du volume. En se focalisant sur le très haut de gamme l'on perd son outil industriel».* D'où l'idée de la montre Swatch (Swatch contraction de Swiss Watch), montre plastique à bas prix au point qu'il est possible d'acheter deux montres, le « S » de swatch signifiant alors avec une explication à postériori, « seconde », « deuxième montre ». Ses deux concepteurs techniques sont Elmar

Mock, né à La Chaux-de-Fonds, cœur de l'industrie horlogère, ingénieur en horlogerie et en plasturgie et Jacques Muller ingénieur, spécialiste de la mécanique horlogère qui travaillent dans la société ETA manufacture suisse fondée en 1793 qui produit les mécanismes pour le Swatch Group, mais aussi pour toute l'industrie horlogère. ETA fabrique à cette époque-là cinquante pour cent des aiguilles produites, a le quasi monopole des spirales, vis, cadrans, mouvements en kit…. vendus chers aux concurrents. La Swatch, en plastique, a permis à l'horlogerie suisse de retrouver sa place. Ce sont Marlyse Schmid et Bernard Muller de Schmid Muller Design à Chézard-Saint-Martin près de Neuchâtel qui ont dessiné la Swatch. Le faible coût de revient a été obtenu grâce aux grands volumes de fabrication et à l'utilisation de matériaux plastiques et des écrans et des mouvements de montres électroniques. « *Avec le lancement par Texas Instruments de montres électroniques, les Suisses, bousculés pendant quelques années, réussirent à reprendre le contrôle de la situation* ». Voici comment, me dit Nicolas Hayek : « *dans une montre, il y a trois types de valeur ajoutée : le mécanisme, le couple boîtier-bracelet et la distribution. La technologie du mécanisme fut remplacée par de l'électronique. Les Suisses, qui étaient des mécaniciens, en furent écartés, mais son coût vu la forte augmentation des quantités produites, diminua dans de fortes proportions suivant les courbes d'expérience, comme l'avaient fait les puces. Les horlogers suisses s'appuyèrent sur leurs points forts (boîtiers-*

bracelets et distribution), apprirent à domestiquer l'électronique et retombèrent sur leurs pieds».

Quelques années après dans le cadre d'une mission d'audit à la demande de l'ONUDI (Organisation des Nations Unis pour le Développement industriel) à l'Ile Maurice je découvre qu'il y a en développement une société de fabrication de circuits imprimés pour les montres électroniques et j'apprends que son client est une autre entreprise mauricienne qui assemble les composants sur le circuit imprimé, c'est à dire construit l'électronique des montres. Comme je sais que vu le faible volume à l'intérieur d'une montre, les composants ne peuvent être montés que sous forme de puces en « chips on board », c'est à dire les puces montées directement sur le circuit imprimé, je suis intéressé à voir cette usine. N'arrivant pas à obtenir l'autorisation de la visiter, j'en parle à l'occasion avec le président Cassam Uteem, président de la république mauricienne dont j'ai fait la connaissance par ailleurs. Une visite au directeur est alors organisée sous ses bons offices. Le directeur ne peut pas faire autrement que d'acquiescer à la demande du président de la république. Il me reçoit, mais est très réticent pour me faire visiter ses ateliers. *« On m'a demandé de vous recevoir, pas de vous faire visiter ».* S'apercevant du fait que je connais très bien ce genre de production, il devient par la même occasion très intéressé d'avoir mes commentaires. Nous visitons donc en détails ses ateliers et je réponds à ses nombreuses questions. Et, j'apprends que sa production de circuits imprimés avec « chips on board » est destinée pour partie à l'Europe et pour partie à Hong Kong, le même genre de produit avec le même niveau de qualité, car, me dit-il, « *avoir la même qualité facilite l'organisation de la production, la qualité étant calée sur celle des clients les plus exigeants* ». Or dans un cas il s'agit de l'électronique pour des montres fabriquées par des clients renommés ayant pignon sur rue et dans l'autre cas il s'agit d'électronique qui se retrouve dans des produits peut être de contrefaçon. Dans les deux cas la qualité de l'électronique est la même insiste-t-il, c'est d'ailleurs ce que disaient les vendeurs «sous le manteau » de Hong Kong qui officiaient dans le quartier de Kowloon plus précisément dans une petite rue perpendiculaire à Jordan Road, Temple Street, la rue aux voleurs comme l'appelaient les occidentaux vivants dans la colonie britannique. Mêmes commentaires chez les vendeurs de Taiwan qui eux agissaient à Taipei dans les hôtels recevant des clients étrangers.

Les puces n'en resteront pas là. Non contentes de donner l'heure, en 1978, les puces parlent et enseignent grâce à la dictée magique (Speak & Spell) jeu produit par Texas Instruments. En France, il y a eu un premier temps une version pour apprendre l'anglais, et peu de temps après, Texas Instruments sort une version pour apprendre le français.

15- *La carte à puce*

Avec l'invention de la carte à puce, alors que le nom officiel, celui du brevet est la carte à mémoire, le mot puce passe en France dans le langage courant pour désigner le microcircuit, la puce dont elle est dotée. A l'étranger, le mot puce n'existe pas dans le nom de la carte, puisque ce n'est pas celui des microcircuits qui en général sont appelés des chips. La carte à puce s'appelle donc en allemand chipkarte, mais en espagnol tarjeta inteligente, en japonais Sumātokādo, en chinois Yìngshè dào, en anglais et dans beaucoup d'autres langues « smart card » c'est à dire que dans la majorité des pays, la carte n'est pas devenue ni à puce ni à chip, mais pour le reste du monde est devenue une carte intelligente, grâce à la présence de la puce. Enfin, avant d'être intelligente, la carte commence par être à mémoire ou portative, puisque c'est comme cela que les premières cartes s'appellent.

La carte à puce est née le 25 mars 1974, jour où Roland Moreno, journaliste, inventeur dépose un brevet de carte à mémoire sécurisée au format d'une carte de crédit. Puis en 1975, il produit plusieurs certificats d'addition sur les moyens inhibiteurs revendiqués, censés protéger contre la fraude et étend la protection internationalement.

En décembre 1975, la Compagnie Honeywell Bull, dépose également une demande de brevet pour une carte portative au même format, comprenant un dispositif de traitement du signal, inventeurs, Bernard Badet, François Guillaume et Karel Kurzweil.

Un brevet pour une carte à mémoire portative avec inhibiteurs contenus dans un microprocesseur est déposé en 1977, par deux ingénieurs allemands Helmut Gröttrup et Jürgen Dethlof.

Michel Hugon de Bull-CP8 dépose en 1978 le brevet SPOM (Self Programmable Only Memory - mémoire seulement auto-programmable), le processeur et la mémoire étant intégrés dans une puce unique. Par la suite ce sera l'application cryptographique la plus répandue dans le monde.

Bull, Phillips, Schlumberger et Siemens tentent chacun de leur côté de nombreuses démarches infructueuses pour obtenir l'annulation des brevets de Roland Moreno.

Roland Moreno crée la société Innovatron au capital de laquelle entre la société Schlumberger en 1979, et devient par la suite numéro un mondial de la carte à puce, absorbant notamment ses deux plus importants concurrents français, Solaic qui a inventé un procédé de fabrication plus économique, puis Bull CP8 en 2001. René Mitieus, PDG de Schlumberger Industries était arrivé chez Texas Instruments en 1966 j'avais eu la charge de l'accueillir et de lui expliquer les fabrications de TI. René Mitieus rejoint Schlumberger en 1973. En 1979 il fait venir Georges Kayanakis qu'il avait connu chez Texas Instruments pour lancer la division cartes à puce. La télécarte, carte à puce faite pour téléphoner depuis les cabines mises en place par France Télécom génère un marché qui nécessite une production de masse.

Quittant Schlumberger, Georges Kayanakis créera à Sophia Antipolis en 1997 la société ASK pour développer une nouvelle génération de cartes fonctionnant sans contact physique, qui est notamment à l'origine du système Navigo, utilisée par la RATP et par les réseaux de transport de grandes villes. Les cartes peuvent aussi servir à la confection de passeports électroniques ou à la mise au point de systèmes de gestion informatique des stocks.

En Juillet 1987, Marc Lassus qui travaille dans la Division Semi-conducteurs de Thomson, après être passé par Motorola et Matra-Harris, présente au PDG de Thomson Alain Gomez un projet de création d'une société pour le développement d'une « carte à microcircuit ». Renseignements pris, Alain Gomez découvre que les Américains n'y voient pas d'intérêt et qu'ils n'ont aucun projet de développement basé dessus. Il pense donc que s'ils ne s'y intéressent pas, c'est que le produit n'a pas d'avenir. Devant la non-adhésion d'Alain Gomez, Marc Lassus recherche ailleurs des financements pour créer une société indépendante sur le plan opérationnel du Groupe Thomson. Il décide naturellement d'aller voir Pasquale Pistorio, comme lui ancien de Motorola, le patron de la société franco-italienne SGS–Thomson Microélectronique qui vient juste d'être créée en juin 1987 par une fusion de SGS (Italie) et de Thomson Semi-conducteurs (France). En mai 98, la société sera rebaptisée ST-Microélectronique lorsque Thomson (par la suite devenue Thales) en sort du capital. Lors d'une présentation à Catane en Sicile, au pied de l'Etna, Marc Lassus présente le marché potentiel et le compte d'exploitation prévisionnel d'une société « Smart Card » pour convaincre Pasquale Pistorio d'investir dans cette société. Mais celui-ci ne le suivra pas, il veut bien fabriquer les puces et être le fournisseur de la société mais pas un actionnaire, c'est ce qui va se passer.

J'avais croisé des années auparavant Marc Lassus lors de ma visite à Toulouse chez Motorola avant qu'il ne soit muté en Ecosse dans l'usine qui fabrique les cartes à puce pour Bull CP8 et dont il avait pris la direction. J'ai été contacté pour préparer ou pour participer à une réunion de création d'une société. Je venais de créer ma société d'études et de mise en œuvre de stratégies industrielles internationales, et j'étais connu pour être une des personnes qui « *voulait faire bouger l'électronique en France* », c'est ce qu'écrivait le journal « Electronique internationale » mais j'étais à Singapour et ne pouvait pas me libérer pour venir en France avant quelques jours, apparemment cela ne pouvait pas attendre. Peu de temps après, Marc Lassus et plusieurs autres ingénieurs dont Daniel Legal, Philippe Maes, Gilles Lisimaque et Jean-Pierre Gloton, quittent Thomson et créent le 22 février 1989 la société Gemplus, grâce parait-il à 100 millions de Francs d'aides publiques et d'importantes commandes de France télécom. Pour ses cartes à puce téléphoniques Gemplus démarre une usine et s'installe pas très loin de Rousset où se trouve ST-Microélectronique, sur la zone industrielle de Gémenos récemment crée près de Marseille de même que la zone de La Ciotat et celle de

Signes dans le Var où le gouvernement accorde d'importantes incitations financières, comme une exonération d'impôts pendant dix ans pour réindustrialiser une région pénalisée par l'arrêt des constructions navales déménagées de La Seyne et de La Ciotat à Saint-Nazaire. Par la suite on retrouvera chez Gemplus des anciens de TIF comme Rémi Conti, Michel Chomette.

J'ai plusieurs fois parlé industrialisation avec les responsables de la production de Gemplus alors que j'avais créé ma société Framatech société spécialisée dans cette thématique. Souvent, les entreprises qui se créent pour lancer une nouvelle fabrication, ont le choix entre plusieurs méthodes de fabrication pour obtenir le même produit fonctionnel. Si les créateurs ont un passé d'industriel, dans ce cas- là, ils ne se posent même pas la question de savoir quelle technologie de fabrication adopter et choisissent des procédés de fabrication marqués par leur culture industrielle d'origine qui n'est pas forcement la solution optimum pour ce produit nouveau. Gemplus a choisi des procédés découlant de la culture très physico-chimiste des puces des semi-conducteurs, d'où venaient tous ses fondateurs. Par exemple, le module électronique est fixé par collage dans la cavité de la carte obtenue par fraisage, laquelle par la suite sera obtenue de moulage par injection. Schlumberger qui pour faire ses compteurs utilisait beaucoup les techniques de découpage et d'emboutissage, choisira pour obtenir la cavité, de poinçonner une carte de la même épaisseur que le module pour obtenir un trou de la dimension de la cavité nécessaire pour y placer le module électronique, cette carte percée étant collée sur une autre carte d'épaisseur complémentaire non percée qui sert de fond à la cavité. La société Oberthur née d'une entreprise d'imprimerie de sécurité empruntera les techniques de ce type d'industrie et fabriquera les cartes par grandes planches, de la même taille que les feuilles de papier sur lesquelles sont imprimés les billets de banque, puis les massicotera comme le sont les billets pour avoir des cartes individuelles. Grâce au volume très élevé de cartes produites, les effets des courbes d'expériences aidant, Gemplus devient le numéro un mondial de la carte à puce grâce à des prix compétitifs.

La première étape de fabrication d'une télécarte consiste à assembler un micromodule, qui est ensuite placé dans une cavité de la carte. La méthode « Mosaic » (Microchip On Surface And In Card) développée par Solaic permet de supprimer la fabrication du micromodule qui représente cinquante pourcents des opérations de fabrication d'une télécarte. La puce de silicium est introduite dans la carte par chauffage au laser les contacts sont sérigraphiés en surface avec de l'encre conductrice.

Le marché américain paraissait être le marché idéal pour les cartes à puce, c'est le premier pays à avoir utilisé les cartes de crédit, inventées par le Diners Club International (DCI) créé en 1950, qui a lancé les premières cartes de crédit à bande magnétique, les puces n'existant pas à cette époque. En 1959, l'American Express créera à son tour la carte éponyme. Par ailleurs c'est aussi aux Etats-Unis qu'a été inventée « la puce » électronique, c'est-à-dire le circuit intégré par Jack Kilby chez TI. Donc tous les ingrédients existaient pour que les Américains adoptent la carte de crédit à puce, mais, les Etats-Unis resteront pendant longtemps les seuls à ne pas y mettre systématiquement un circuit intégré, une puce. Car, c'était sans compter sur le NIH. L'effet NIH (Not Invented Here, Non Inventé Ici), sous- entendu, *« ce n'est pas bon car non inventé ici, si cela était bien, c'est nous qui l'aurions inventé » (remplacer la piste magnétique par une puce)!* Cet effet a joué à fond, aux Etats-Unis aussi parce que contrairement à la France, la carte à bande magnétique y était déjà généralisée et donnait satisfaction et que le coût de transition vers la carte à puce était particulièrement élevé, estimé à l'époque à quelque 8 milliards de dollars. Ces deux points, ont fait que les américains n'ont pas vu à ce moment-là l'intérêt de la carte à puce. De plus, le principal argument en faveur de la carte à puce par rapport à la carte à bande magnétique, était la sécurité et en Amérique la fraude était très faible, du fait de l'utilisation de systèmes d'autorisation de paiement en temps réel, ce qui fait que : **Aux Etats-Unis, la carte à puce était appelée, *«la solution à un problème qui n'existe pas».***

En 2000, Marc Lassus veut conquérir le marché des Etats-Unis et l'occasion se présente car un fond d'investissement justement américain, le Texas Pacific Group (TPG) propose d'acquérir 26 % du capital de Gemplus et d'aider à l'entrée en Bourse aux Etats-Unis. En dehors des actionnaires historiques les autres sont alors, la famille Quandt (actionnaire majoritaire de BMW) 19 %, la famille Dassault 5,4 %, General Electric 4 %. TPG arrive à avoir la majorité des votes au conseil d'administration, l'américain Alex Mandi est nommé président. Gemplus devient Gemplus international et son siège est transféré au Luxembourg. Rapidement, c'est la dispute entre TPG et les actionnaires fondateurs qui vont partir. Il se dit qu'Alex Mandi serait l'administrateur d'un fond de capital-risque considéré comme le bras armé technologique des agences de renseignement américaines, la CIA (Central Intelligence Agency) qui l'a créé et de la NSA (National Security Agency). Alex Mandi serait aussi membre d'un comité conseillant le Pentagone et les agences de renseignement sur l'accès aux technologies. Cela semble confirmer les rumeurs de main mise par l'agence américaine en ce qui concerne sa volonté de contrôler tout ce qui touche au cryptage des cartes à puce, car il est possible alors de lire dans la presse « *The Intercept, un journal d'investigation américain a révélé, que le plus gros fabricant de cartes SIM au monde (équipant, notamment, les téléphones mobiles), s'est fait dérober des clés de chiffrement. Ces clefs auraient été obtenues par les agences de renseignement britannique et américaine, le GCHQ (Government Communications Headquarters - Quartier général des communications du gouvernement du Royaume-Uni) et la NSA, qui coopèrent dans le programme d'écoute « Echelon » surnommé « les grandes oreilles » leur permettant d'accéder aux communications téléphoniques d'utilisateurs du monde entier ».* Peu de temps après, courant décembre 2002,

Marc Lassus, ancien président fondateur de Gemplus, se dit forcé de donner sa démission du conseil d'administration.

En parallèle, Schlumberger filialise son activité de fabrication de cartes à puce et de terminaux au sein d'une entreprise de droit néerlandais sous le nom d'Axalto et l'introduit en bourse en 2004. Axalto est alors l'un des plus importants fournisseurs au monde de cartes SIM, puis en 2006, Axalto fusionne avec Gemplus international pour former le groupe Gemalto. En 2010, TPG qui détenait encore 14,5% de Gemalto sort du capital.

Ce n'est qu'en 2015, que les compagnies de carte de crédit américaines devant les problèmes de fraude, ont imposé l'usage de la carte à puce, sous peine de ne pas rembourser en cas de fraude les cartes qui n'en seraient pas équipées. Les puces depuis 2015 font donc la loi dans le monde des cartes de crédit, y compris aux Etats-Unis.

Le leader mondial de la fabrication de la carte à puce est depuis Gemalto, devant Oberthur Card Systems et Giesecke & Devrient, deux sociétés respectivement française et allemande filiales d'anciennes imprimeries de sécurité, fabricantes de billets de banque.

16 – *Les « fabs » indépendantes*

En 1985 le gouvernement taïwanais décide de créer une industrie microélectronique indépendante de sociétés étrangères en commençant par mettre en place une fabrication de puces électroniques. Pour cela il fait appel à Morris Chang né en Chine, à Ningbo, dans la province du Zhejiang, province côtière au sud de Shanghai. C'est un ancien de TI où il a passé 25 ans et a atteint le poste de vice- président pour l'activité des semi-conducteurs. Pour démarrer à Taiwan, n'ayant pas de produits propres, il décide de créer une entreprise de sous-traitance de fabrication de puces électroniques avec comme avantages, les prix, la qualité et la technologie. Il crée en 1987 la société Taiwan SeMi Conducteurs (TSMC). Les clients sont les sociétés du secteur électroniques dites « fabless » c'est-à-dire sans fabrication des puces.   C'est avec un schéma similaire que l'industrie microinformatique a débutée à Taiwan. C'est par exemple le cas d'ACER, devenu sous-traitant de toute la profession pour fabriquer les PC dont les portables. Grâce aux très grandes quantités de produits fabriqués et donc à l'effet courbe d'expérience, l'entreprise taiwanaise a obtenu les prix, la qualité et la technologie au point de pouvoir lancer des produits propres.

A la fin des années 1980, je suis justement en mission à Taiwan entre autre chez ACER alors fabricant en sous-traitance de PC de presque toutes les marques ce que l'on pouvait constater dans le local d'expédition des produits finis. Dans une autre entreprise, j'accompagne deux acheteurs d'un très grand groupe français fabricant d'automates programmables qui voulaient sous-traiter la fabrication pour une présérie de certaines pièces pour lesquelles ils n'avaient pas les équipements adaptés, donc qu'ils avaient décidé de sous-traiter. Tous les sous-traitants contactés d'abord en France, puis dans le reste de l'Europe avaient donné des délais d'un ordre de grandeur inacceptable pour eux, presque un an, alors que la sortie du produit avait été annoncée pour le trimestre suivant et que des commandes avaient déjà été enregistrées. C'est TI qui est à l'origine du concept d'automates programmables avec le 5TI. Chez TI la consigne était d'utiliser un 5TI chaque fois que possible servant ainsi à développer de nouvelles applications pour le produit. Ainsi le magasin de stockage et d'expédition des produits finis automatisé construit à Villeneuve-Loubet qui devait servir de modèle à tous les sites TI en sera doté. Il sera utilisé pour gérer le système de convoyeurs qui amènent les produits vers leur point aléatoire de stockage.

Le sous-traitant trouvé à Taiwan avait promis de réaliser la présérie qualifiée en cinquante-cinq jours. Chez le sous-traitant les deux acheteurs français que j'accompagne se font confirmer avec insistance le délai de 55 jours. En aparté ils font le raisonnement suivant : « *à raison de vingt jours ouvrables par mois cela fait environ trois mois* » et ils disent au sous-traitant « *c'est bon, donc vous confirmez que la présérie sera prête dans trois mois, vous nous le confirmez ?* » « *Non*, répond le Taiwanais vexé, *pas dans trois mois, dans cinquante-cinq jours !* ».

Pour détendre l'atmosphère, je dis à mon interlocuteur que je connais bien Morris Chang dont tout le monde connait le nom à Taiwan, mais mon interlocuteur pense qu'il s'agit d'une homonymie et que de toutes les façons le Morris Chang de TSMC est pratiquement inapprochable. Je demande à mon interlocuteur d'essayer de le contacter tout de même en précisant que je suis comme lui un ancien de TI. Mon interlocuteur pense que la démarche est perdue d'avance. Devant mon insistance, Il demande à sa secrétaire de faire le numéro de TSMC, il demande le secrétariat de Morris Chang et dit que je souhaiterais le voir, expliquant en insistant que j'ai connu Morris Chang chez TI. Mon interlocuteur, apparemment à plusieurs correspondants différents et finalement après de nombreux échanges me tend le combiné téléphonique en me disant, *« vous avez Morris Chang au bout du fil »*. Je prends le combiné me présente et Morris Chang me demande où je suis, je lui dis que *« je suis à Taipei et que j'aurai plaisir à le voir »* *« quand ? »* me dit-il ? *« Par exemple demain après-midi, c'est d'accord »* me dit-il en me précisant le lieu et l'heure. Mon interlocuteur et plusieurs autres Taiwanais qui s'étaient rapprochés en entendant le nom de Morris Chang n'en reviennent pas. Je me demandais si Morris Chang se souvenait de moi, vu le nombre de personnes dont il avait eu la responsabilité et bien que j'ai un nom facile à retenir surtout pour les personnes qui travaillent dans l'électronique.

Le lendemain j'arrive au rendez-vous à l'heure, je suis immédiatement reçu par un Morris Chang tout sourire, c'est la première fois que je le vois comme cela. Je lui demande s'il se rappelle de moi, « *évidemmen*t me dit-il, *et de vous voir me rappelle le système d'augmentation au mérite, le réseau d'autocommutateurs téléphoniques IBM, le magasin de produits finis automatisé prototype. Comme vous n'aviez pas de gros problèmes à mentionner sans que vous n'ayez une solution à proposer quelle que soit votre fonction, vous étiez toujours relativement détendu et vous en profitiez pour faire des remarques à vos voisins pendant les présentations, pensant sûrement que nous ne le remarquions pas* ». Contrairement à ce que nous pensions tous chez TI, Morris Chang devait avoir de l'humour. Je me rappelle d'ailleurs que lors d'une conférence publique aux Etats-Unis, il avait dit : « *beaucoup d'entreprises américaines ont comme stratégie d'employer de la main d'œuvre asiatique à bas salaire, mais que ce n'est pas le cas de TI et qu'il était l'exemple vivant que TI avait comme stratégie au contraire, d'employer du management asiatique à bas salaire !* ». Puis nous avons échangé quelques informations, lui toujours avec un grand sourire.

Morris Chang souvent surnommé « *le parrain* » de l'industrie taïwanaise des semi-conducteurs est considéré comme le véritable initiateur des « fabs », les ateliers de fabrication de puces électroniques (que l'on appelle des fonderies). Les clients sont les entreprises d'électronique qui sont fabless, sans fabrication de puces, c'est à dire qui ne fabriquent pas ou tout au moins pas toutes les puces électroniques dont elles ont besoin, mais qu'elles ont conçues ou dont elles ont peut-être aussi sous-traité la conception à TSMC. C'est donc de la fabrication de puces électroniques en sous-traitance, pour des sociétés, comme AMD, Apple, Broadcom, Mediatek, Nvidia, Qualcomm, Xilinx. Le premier site de production est implanté au sud de Taipei dans le parc technologique de Hsinchu, nom qui signifie « les Nouveaux Bambous ». Puis, suivront les sites de Tainan (Sud-ouest de Taïwan), Taichung (Centre ouest de Taïwan), Shanghai (Chine), Camas (comté de Clark – Etat de Washington - États-Unis), Singapour, Taoyuan City (Taïwan) entre Taipei et Hsinchu. TSMC deviendra rapidement le numéro un du marché mondial de la fonderie, avec plus de 50% du marché mondial, loin devant Global Foundries dont le siège social est à Sunnyvale en Californie, UMC (United Microelectronic Corp.) autre entreprise taiwanaise, l'entreprise coréenne Samsung et SMIC (Semiconductor Manufacturing International Corporation) entreprise chinoise fondée en 2000.

L'objectif pour TMSC a toujours été dès le début de ne pas être un simple sous-traitant de capacité c'est-à-dire celui à qui l'on confie la production par manque de capacité de production, mais celui à qui l'on confie la production des puces par manque de compétence interne soit en terme de coût de revient, soit et surtout pour des raisons de compétence technologique en l'occurrence, être capable de faire des finesses de gravure plus poussées ou au minimum égales à celles des circuits intégrés les plus denses, qui au début sont ceux d'Intel. Assez rapidement TSMC sera à égalité technologique c'est à dire arrivera à la même finesse de gravure. C'est à la fin de 2017 que TSMC dépasse Intel en mettant en production son procédé de 10 nanomètres, alors qu'Intel en est toujours à la technologie de 14 nanomètres. Avant le départ à la retraite en 2018 de Morris Chang, TSMC a mis en production de volume la technologie de 7 nanomètres pour la fabrication du processeur de la prochaine génération d'iPhone. De quoi consolider son avance dans les puces dans la course effrénée décrite par la loi de Moore.

17 –   *Les puces et le téléphone*

Le premier téléphone mobile cellulaire de Motorola est commercialisé aux états unis en 1983. L'année suivante Nokia propose le Mobira Talkman. Il pèse environ 5 Kilos, il est qualifié de portable car il a une poignée pour le transporter ! La plupart des industriels des télécommunications estiment que « *la technologie mobile, déjà connue et développée, ne peut bénéficier qu'à une clientèle limitée, vues les contraintes d'utilisation à cause de sa taille, de son poids, de son coût d'achat et d'utilisation* ». Sept entreprises américaines du domaine des télécommunications créent la société Qualcomm, avec pour objectif de développer les performances des produits de ce secteur, l'activité débute par la fourniture de services aux grands acteurs du marché.

Dans le début des années 1990 en France, il est possible de se procurer le Radiocom 2000 compatible avec la norme GSM 2G (Global System for Mobile deuxième Génération) qui vient d'être publiée et qui marque le passage dans la téléphonie de l'analogique au numérique. Conçu par la   Société française de radiotéléphonie (SFR) récemment créée, le Radiocom pèse environ 3 kg et vaut de l'ordre de 3800 francs. Il est hors de portée financière de la plupart des utilisateurs potentiels et peu pratique à transporter. Il est utilisé par les personnes qui doivent   pouvoir être contacté en permanence et qui se déplacent en voiture, de préférence avec un chauffeur. En 1991, il y a 290.000 abonnés au réseau.

France Télécom commercialise cette année-là le Bi-Bop, premier téléphone portable de petite taille destiné à être utilisé en zone urbaine en fait dans les zones équipées de bornes fixes installées par France Télécom qui servent à se connecter au réseau. Pour téléphoner, il faut chercher une borne fixe et diriger l'appareil dans sa direction. En fait c'est un peu comme une cabine téléphonique sans cabine et dans laquelle il faut amener son combiné ! Le fournisseur des équipements de réseau et des mobiles est Dassault Electronique.

Nokia fait alors le pari que « *le téléphone mobile peut toucher des centaines de millions de personnes à travers le monde, pour peu que son prix baisse suffisamment* ». L'effet « élasticité du marché » avait déjà été démontré pour d'autres produits électroniques comme la calculatrice de poche, la montre électronique,….

En 1992, le tout premier smartphone, mais qui ne porte pas ce nom, est conçu cette année-là puis commercialisé en août 1994, c'est l'IBM Simon, il est le premier téléphone mobile à écran tactile de l'histoire. Il est présenté au COMDEX de Las Vegas, premier exemple d'appareil combinant plusieurs fonctions très différentes. Il dispose d'un service de messagerie, peut recevoir des fax et servir d'assistant personnel PDA (Personal Digital Assistant). Mais, il a une très faible autonomie et pèse 500 grammes.

Nokia pour réaliser son pari de vendre des millions d'appareils investi intensément dans le téléphone mobile et la rentabilité de l'opération arrive avec le volume d'appareils vendus à partir de 1992 et la valeur de l'action s'envole surtout à partir de 1994, lorsque l'action Nokia devient cotée à New York sur le Nasdaq. L'action voit son prix multiplié par 600 entre 1992 et 2000. **En 1998, Nokia devient le premier constructeur mondial de téléphones mobiles.** Dans les fabricants de mobiles, se trouvent pratiquement toutes les sociétés du secteur des télécommunications, mais aussi de nouvelles sociétés spécialisées dans les smartphones comme en 2002 le canadien BlackBerry (ex RIM). L'OS (Opérating Système, le Système d'Exploitation) de référence est le Symbian né du partenariat de la société britannique PSION fabricant de l'ordinateur de poche éponyme avec Nokia, Ericsson, Motorola et Matsushita.

En, 2000 Sagem dit produire plusieurs millions de mobiles et lance le WA 3050, un appareil qui combine les fonctions d'un téléphone mobile et d'un assistant personnel tactile, qui grâce à une coopération avec Microsoft fonctionne dans un environnement Window.

Le nombre d'abonnements de mobile (18 abonnements pour 100 habitants) dépasse en 2002 celui des lignes fixes, par la suite la tendance ne fera que se confirmer et le rapport ne fera qu'augmenter en faveur des mobiles.

STMicroelectronics et Texas Instruments en 2002 créent l'OMAP (Open Multimedia Applications Platform- *famille de systèmes sur puces pour systèmes embarquées portables et mobiles)* qui s'étendra rapidement avec Nokia, Intel, ARM,..... et deviendra en 2003, le MIPI

Alliance. Le MiPi Alliance, (Mobile Industry Processor Interface - interface de processeur de l'industrie mobile), est un groupe ayant des intérêts communs dans le développement de plateformes mobiles. L'alliance MIPI est une association à but non lucratif, elle développe des spécifications d'interface pour les industries mobiles et les industries connexes. Il y a au moins une spécification MIPI dans chaque smartphone fabriqué alors. L'organisation compte 300 entreprises membres dans le monde entier et 14 groupes de travail actifs offrant des spécifications au sein de l'écosystème mobile. Parmi les membres de l'organisation se retrouvent des fabricants de téléphones, des équipementiers, des fournisseurs de logiciels, des sociétés de semi-conducteurs, des développeurs de processeurs d'applications, des constructeurs automobiles et des fournisseurs de niveau un, des entreprises de tests et d'équipements de tests, ainsi que des fabricants d'appareils photo, de tablettes et d'ordinateurs portables.

Nokia, avec sa série des Communicators commercialise des appareils pliants à deux écrans et à clavier mécanique complet, mais fait l'impasse sur l'écran tactile.

Google acquiert mi 2005, Android qui a développé un système d'exploitation pour smartphone.

En 2007, Samsung Electronics est devenu le deuxième plus gros vendeur de téléphone au monde.

Le baladeur numérique d'Apple l'iPod qui avait été lancé en octobre 2001 est un très gros succès commercial.

Steve Jobs pensait et disait *« que le seul appareil qui puisse nous piquer notre place, c'est le téléphone portable, le téléphone peut nous tuer ».* Comme le téléphone portable avait déjà quasiment éliminé les appareils photo-numériques, l'iPod pouvait être à son tour éliminé si les téléphones intégraient un lecteur MP3. D'après Steve Jobs, il fallait donc faire le contraire et avant les autres, à savoir, un téléphone portable avec appareil photo et un iPod. Et puis comme il l'avait fait avec le macintosh, faire un appareil *« que les gens prendrait plaisir à utiliser ».*

En 2007, Apple, lance l'iPhone, le premier des smartphones avec interface tactile multipoint sensible aux doigts de l'utilisateur. L'écran, en verre Gorilla développé par Corning Glass utilise le principe de « défilement à inertie » permettant à l'utilisateur de balayer l'écran avec son doigt et de déplacer l'image en la faisant glisser comme si c'était un pion sur un damier. Ce produit n'avait jusque-là pas trouvé d'utilisateur. Apprenant son existence de la bouche même de Wendell Weeks PDG de Corning Glass, Steve Jobs lui demande d'en lancer la fabrication spécialement pour l'iPhone. Par la suite son succès grâce entre autre à l'écran tactile fait celui de ce dernier que tous les smartphones adoptent et prépare l'arrivée de l'iPad, la tablette.

Steve Job voulait, *« le téléphone, qui à la voix, l'écriture (sms) et la photographie »*

Une des conséquences est que le taux de pénétration des portables est passé à 51 abonnements pour 100 habitants.

La différence entre un téléphone portable et un smartphone   réside dans le fait que le premier est un téléphone avec des fonctions annexes comme l'appareil photo, le second est un ordinateur miniature intégrant un téléphone et d'autres fonctions annexes. À ce titre, il comprend un microprocesseur, un système d'exploitation et une multitude d'applications connectées.

En 2010, Nokia tout seul représente 19% du chiffre d'affaires de TI. L'OMAP qui a eu du succès avec les smartphones et les tablettes jusqu'en 2011, perd   du terrain devant Qualcomm société concurrente et ses Snapdragons. Les Snapdragons constituent une famille de système sur puce (system-on-a-chip ou SoC).

2011 : Google rachète l'activité Motorola Mobility

En 2012 Samsung détrône Nokia et devient le premier constructeur mondial de téléphones mobiles.

En 2013, il se vend plus de smartphones que de téléphones classiques, 940 millions contre 860. Pour les puces le marché de la téléphonie mobile devient plus important que le marché de l'informatique qui depuis plus de 30 ans était le plus gros demandeur de composants électroniques.

En 2014, l'entreprise chinoise Lenovo rachète Motorola Mobility à Google. Lenovo avait racheté la division PC d'IBM en 2005.

En 2016, le marché des téléphones mobiles représentant 39% de la production mondiale de puces, contre 35% pour l'informatique. La même année, **Nokia a racheté à Alcatel-Lucent la partie de son centre de recherche et développement constituée par les ex-Laboratoires Bell, où sont nés les transistors sans qui les puces n'existeraient pas.**

En 2019, IC Insights, société de recherche sur les marchés des semi-conducteurs, note que les fabricants des téléphones mobiles ont acheté pour 95 milliards de dollars de puces, soit près de 30% de plus qu'en 2015. Une augmentation qui s'explique par la bascule d'une grande partie des téléphones fixes basiques vers les smartphones, et pour les smartphones par un remplacement par des appareils avec une capacité mémoire plus importante.

18 – *L'Usine de TIF ne répond plus*

Un autre phénomène intervient : la compétence qu'ont acquise certains grands clients comme Apple à concevoir les puces dont ils ont besoin et dont ils peuvent sous-traiter la fabrication à des sociétés comme TSMC.

Le 12 septembre 2012, Texas Instruments annonce *« réduire progressivement les activités dans les puces pour smartphones et tablettes et l'arrêt des activités de microprocesseurs et de connectivité sans fil et plutôt se concentrer sur les plates-formes embarquées comme celles pour l'automobile ».* TI livre les dernières puces OMAP au deuxième trimestre 2013.

TI **supprime 1.700 postes dans le monde** dont 541 presque un tiers en France. C'est-à-dire les équipes travaillant sur OMAP, ce qui représente la quasi-totalité des effectifs de Villeneuve-Loubet, le site n'ayant plus d'activités de fabrication depuis plusieurs années, mais uniquement des activités de recherche et développement portant sur les applications multimédias pour systèmes embarquées portables et mobiles. Cette décision entraîne la fermeture du site historique de Texas Instruments France à Villeneuve-Loubet à la fin 2013. (24 hectares avec près de 30 000 m² de locaux). Les effectifs du site avaient atteints dans les années 1980, 2500 personnes et la société occupait à cette époque-là, plusieurs milliers de mètres carrés supplémentaires dans des locaux loués à proximité. Le site qui avait fêté ses 50 ans en 2011 ferme donc ses portes à la fin de l'année 2013. Texas Instruments se désengage largement de la France où les activités de production avaient été abandonnées pour ne garder que des activités de développement et regroupe ses activités européennes en **Allemagne** en Bavière où une fabrication de puces a toujours été maintenue grâce à l'action de la direction locale. Les fonctions support européennes y seront regroupées sur le site de Freising près de Munich.

Christian Tordo directeur général de TIF quitte donc la société où il était arrivé en 1977 comme analyste financier.

Le site de Villeneuve–Loubet est vendu en 2015 pour 20 millions d'euros à la société Amadéus, **entreprise de gestion pour la distribution et la vente de services de voyages**, premier fournisseur mondial de solutions technologiques et de distribution pour l'industrie du voyage et du tourisme. Amadéus y installe 1800 personnes. Amadéus a aussi une filiale près de Freising en Bavière à Erding où se trouvent les ordinateurs opérationnels. En France, pour Texas Instruments reste des services commerciaux à Issy-les-Moulineaux avec une annexe à Saint Priest près de Lyon.

19 – En 2020, les puces font-elles toujours la loi ?

La première version de la loi d'évolution des composants semi-conducteurs : « *la complexité des composants semi-conducteurs double tous les ans à coût constant »,* s'appuyait à l'époque sur un constat fait par Gordon Moore, qu'il a par la suite revu à la baisse en 1975 en prévoyant cette fois une deuxième loi qui définit la complexité : « *le nombre des transistors des microprocesseurs double tous les 2 ans ».* Pour réaliser cela, il a fallu augmenter la finesse de gravure des processeurs. Au début des années 1970, une théorie disait qu'il ne serait pas possible de faire de gravure inférieure à un micron. Au milieu des années 1990, il semblait que la dimension la plus petite réalisable était de fabriquer industriellement des transistors d'au moins 400 atomes (environ 100 nm, soit 0,1 micron). Puis, il fut possible de repousser les dimensions critiques des transistors CMOS à environ 20 nm, mais cet ultime ordre dimensionnel semblait constituer alors une limite industrielle et physique pour cette technologie. Dans l'industrie du silicium, certains appelaient cette limite «*the Wall»,* « *le mur ».* Mais en 2019, des gravures inférieures à 10 nm (10 nanomètres) soit 10 millionièmes de millimètre sont réalisées industriellement. Les derniers modèles de processeurs comportent plus d'un milliard de transistors. Lorsque Gordon Moore a énoncé sa loi le microprocesseur le plus complexe comportait 64 transistors. Il se dit qu'à un horizon plus large, « *il est difficilement envisageable de passer la barre du 5 nm de finesse de gravure ».* Les experts disent « *qu'après 2 nanomètres, ce ne sera pas possible d'aller plus loin car ce serait la limite physique. La fonction d'onde des électrons serait alors difficilement contrôlable».* « *A ce niveau-là, les comportements de la matière ne seraient plus les mêmes, les coûts également* » ! Mais, de nouvelles technologies commencent à émerger, telles les memristors ou les ordinateurs quantiques, qui devraient faire évoluer les performances. Le memristor garde la trace de ses états précédents. Il réunit ce qui dans les ordinateurs a toujours été séparé, le calcul fait à l'origine par des lampes triodes puis par les transistors du microprocesseur et le stockage des données fait par les systèmes magnétiques puis par les mémoires semi-conductrices. C'est dans les années 1970 que le principe du memristor, c'est-à-dire la « résistance à mémoire » a vu le jour. Mais c'est seulement en 2008 qu'il a pu être physiquement mis en œuvre pour la première fois. Il s'agit d'un composant qui acquiert une certaine résistance lorsqu'il est traversé par un courant et, plus étonnant, qui, même après avoir été déconnecté, conserve une certaine mémoire du flux des charges qu'il a pu recevoir dans le passé.

Voilà ce que dit Gordon Moore lors d'une interview qu'il donne en 2015 pour le cinquantième anniversaire de l'énoncé de sa loi. « *Lorsque j'ai mis à jour ma théorie, je n'ai pas prédit de date pour la fin de cette tendance. Ce qui n'est pas une mauvaise chose, car j'aurais sans doute été très surpris ! L'industrie de l'électronique s'est avérée incroyablement créative dans la complexification des puces… et il n'est pas facile de savoir quand sa progression s'achèvera »*.

Alors que la miniaturisation électronique s'approche des limites physiques, les dirigeants d'Intel croient toujours à la longévité de la loi de Moore. Pour maintenir cette règle de progression en vie, le numéro un mondial des semi-conducteurs mise sur la construction à la verticale de puces en 3D. **« *Les structures élémentaires ne seront pas plus petites. Mais le circuit présentera au final les mêmes gains qu'une miniaturisation physique* ».** Intel garde sa foi en la loi de Moore. Alors que beaucoup d'experts, entrevoient la mort proche de cette règle de progression des puces électroniques, le numéro un mondial des semi-conducteurs continue à croire en sa longévité. Le groupe de recherche sur les composants, dirigé par Robert Chau, travaille sur les moyens de la perpétuer. *« Notre travail consiste à nous assurer que la loi de Moore est vivante et se porte bien »*, explique-t-il. *« C'est une loi économique, mais elle nécessite des progrès en physique, chimie, matériaux et architecture pour se maintenir en vie. Elle peut évoluer avec le temps et prendre différentes formes. Nous voulons être sûrs d'avoir les innovations et les technologies nécessaires pour la perpétuer. La loi de Moore n'est pas près de prendre fin. »* A l'occasion de son évènement annuel aux Etats-Unis, à Santa Clara, le 15 mai 2019, le fondeur coréen de semi-conducteurs Samsung Foundry ne s'est pas contenté de confirmer la mise en production de prototype de sa technologie de puces de 5 nanomètres au premier semestre 2020, la production de masse a été annoncée pour 2021. Quelques informations ont été données sur la génération d'après de 3 nanomètres avec à la clé, une rupture technologique de nature à poursuivre la loi de Moore.

On peut dire que la loi de Moore est une prophétie auto-réalisatrice, dont la réalisation est incontestée.

En 1965, l'année où Gordon Moore a formulé sa loi, le circuit le plus performant comportait 64 transistors. Plus d'un demi-siècle après, la génération de microprocesseurs actuelle en intègre plus de 4 milliards soit aux environs de 70 millions de fois plus, ce qui permet de dire que **pendant cette époque les puces ont fait leurs lois.**

20- Bibliographie

J. Fred BUCY – How TI selects and mesures Managers – Avril 1973 - Bulletin CM 113

Fred BUCY - Dodging Elephants: The Autobiography of J. Fred BUCY - 2014 - Dog Ear Publishing

François BUS – Communiquer et manager à distance – 1987- Chotard et associés éditeurs

François BUS – La stratégie du meilleur prix de revient -Le cout asymptote instantané- 1995- Les Editions d'Organisation

François BUS – Propos de François Bus Entrepreneur – 1997 - Les Editions d'organisation.

François BUS-Via Julia, Histoire de la famille Bus – 2002

Jimmy CARTER – Jimmy CARTER tells why he use Zero Base Budgeting – Janvier 1977 – Nation's Business

Bruno CHARLAIX –Marc LASSUS – La puce et le morpion – Les dessous du raid de la CIA sur la première Licorne française (Gemplus) – Librinova - 2019

Timm DELFS -La montre à quartz a 50 ans - 2017 – FHH Journal

Michael DELL with Catherine FREDMAN - Direct From Dell: Strategies that Revolutionized an Industry- 1999 Collins Business Essentials- Kindle Edition

Pierre-Yves DONZE, «Rattraper et dépasser la Suisse: histoire de l'industrie horlogère japonaise, 1850 à nos *jours» - 2014- Neuchâtel: Alphil-Presses Universitaires Suisses*

Cas Texas Instruments A et B – Document Ecole supérieure de commerce de Lyon.

M. DREYFUS - Fortran IV – 1967 – Dunod

Andrew GROVE - Only the Paranoid Survive - 1998 - Profile Books Ltd

Patrick E. HAGGERTY – Shadow and Substance, a long-range perspective: the potential for electronique. – 1977- Texas Instruments Incorporated

Bruce D. HENDERSON – Perspectives – 1973- Documents du Boston Consulting Group.

Earl R.GOMMERSALL- La maladie des travaux en-cours – 1964 – documentation DG 972 - Cégos Neuilly sur seine

Earl R.GOMMERSALL and Mervin Scott MYERS – Breakthrough in On-the-Job Training.

J. HUGON – Les microprocesseurs – 1977 – Note technique NT/RCC/SDT/331 du CNET

Walter ISAACSON – Steve Jobs- 2011- JC Lattès

Pierre LAFFITE – Sophia Antipolis naissance d'une ville - 1989 – PUF

Bo LOLEK – History of semiconductors engineering – 1963 - Springer

Franco MALOBERTI and Anthony DAVIES (Editors) – A short story of Circuits and Systems – 2016 - River Publishers Aalborg Denmark.

Marvin Scott MYERS -Who are motivated workers - Janvier Février 1964, Harvard business review

Marvin Scott MYERS - Gestion participative et enrichissement des tâches à la Texas Instruments - 1978 - Dalloz

Michel ORTS – Le programme de certification T.I.F. -1972- Texas Instruments France

Jacques PACCARD – Dans la préhistoire des smartphones – Mai 2020 – Arts et Métiers Mag.

Thomas PETERS et Robert Waterman Le prix d'excellence – 2012 -- InterEdition

Guy POSTEL – Gestion par objectifs et participation – 1971 – Les Editions d'Organisation.

E.W. PUGH, 1995 Building IBM Shaping and Industry and its Technologies, MIT Press Cambridge, Massachusetts

Walden RHINES - "The Inside Story of Texas Instruments' Biggest BLUNDER: The TMS9900 Microprocessor-. Spectrum. IEEE. 2 October 2017

Mark SHEPHERD – Ethics in business of TI – 1968 – Documents Texas Instruments

Mark SHEPHERD et Fred BUCY – Ethique de Texas Instruments dans le monde des affaires – 1977- Documents Texas Instruments.

E. James TEW - Corporate metric committee – 1977 – 1979
- Metric newsletter – Texas Instruments

21 – Abreviations, acronyms, sigles

Alloy germanium - Germanium allié

ASLT Solid Logic Technology Avancé

BASIC (Beginner's All-purpose Symbolic Instruction Code – Instruction pour code symbolique d'usage général pour débutants).

BBZ - Budget Base Zéro

BCG Boston Consulting Group

BENS Business Executives for National Security,

BIOS -Basic Input Output System - système élémentaire d'entrée/sortie

BTE Bureau des Temps Elémentaires

CAS Computer Algebra System – système algébrique pour ordinateur

CNPF Conseil National du Patronat Français

DCI Diners Club International

DDRSDRAM   Double Data Rate Synchroneus DRAM

2G deuxième génération

CFTH Compagnie Française Thomson-Houston

DIL   Dual In Line -

DIP   Dual Inline Package

Dmh dix millième d'heure

CMOS Complémentary MOS

Ctrl-Alt-Suppr Les trois touches du clavier d'un ordinateur personnel pour le redémarrer sans l'éteindre

DOS – Disk operating system - Système d'exploitation

DRAM – Dynamic RAM - doit être réactualisé périodiquement pour éviter la perte d'information

DSP Digital Signal Processor – Processeur de signal numérique.

DTC Design To Cost – Conception à coût objectif

DFN Dual-Flat No-leads- Boitier plat sans broches

EEPROM Electrical Erasable PROM – PROM effaçable électriquement

EPROM Erasable PROM – PROM effaçable

ESE- Ecole Supérieure d'Electricité

Ex-Tiers - Ancien membre du personnel de TI

Flash memory – mémoire effaçable électriquement

GCHQ Government (britanique) *Communication Headquarter*

GE Général Electrique

GPM Gross Product Margin - Marge brute de fabrication

GSM (Global System for Mobile)

HP Hewlett-Packard.

HTC High Tech Corporation

IBM International Business Machine

ICBM Inter Continental Ballistic Missile

IDEA Industrial Development Engineering Associates

IEEE Institut of Electrical and Electronic Industry

INPI Institut National de la Propriété Industrielle

INRIA Institut national de recherche en informatique et en automatique

INSA Institut Supérieur des Sciences Appliquées

INSEAD Institut Européen d'Administration des Affaires

JEDEC Joint Electron Device Engineering Council

LCD Liquid Cristal Display – Affichage à cristaux liquides

LED Light Emiter Diode - diode émettrice de lumière

LMT Le Matériel Téléphonique

LSI Large Scale intégration, intégration à grande échèle

Mac Macintosh – premier PC Apple

MEDEF Mouvement des Entreprises de France

Mems – Micro electromechanical systems

Mésa Ge - Mésa Germanium

MIL STD - Military Standard – norme Militaire standard américaine.

MIPI Mobile Industry Processor Interface - Interface de processeur de l'industrie mobile

MIT Massachusetts Institut of Technology

Mosaic   Microchip On Surface And In Card

MOST Maynard Operation Sequence Technique

MOS   Metal Oxyde Silicium

MS-DOS Microsoft Disk Operating System − Système d'exploitation de Microsoft

MSI Médium-Scale Intégration, intégration à échèle moyenne

MTM   Method Time Mesurement

MTA Motion-Time Analysis

MTS Motion Time Standards

NIH not invented here - pas inventé ici

NAND fonction NON-ET

NOR fonction NON-OU

NPN Négatif-Positif-Négatif

NSE Net Sale Entered - Entrée des Commandes Nettes

NSB   Net Sales Billed - Ventes Facturées Nettes

OEM other Equipement Manufacturer − autre fabricant d'équipement

OMAP Open Multimedia Applications Platform - famille de systèmes sur puces fabriqués par Texas Instruments. pour systèmes embarqués portables et mobiles

ONUDI Organisation des Nations Unis pour le Développement industriel

OS Operating System - Système d'exploitation

OST   Objectif Stratégie et Tactique

PABX- Private Automatic Branch eXchange- central téléphonique privé

PC Personal Computer

PCC   Product Cost Center

PDA Personal Digital Assistant

pH Abréviation du terme potentiel hydrogène

PNP Positif négatif Positif

PROM Programmable ROM

QA Quality insurance, assurance de la qualité

QDOS Quick and Dirty OS - OS vite fait mal fait

QFN Quad Flat No-leads

QFR Quaterly Financial Review – Revue financière trimestrielle.

RAM Random Acces Mémory – Mémoire à accès aléatoire

RCA Radio Corporation of América

RDRAM Rambus DRAM

ROM – read Only Memory

SLT Solid Logic Technology – Modules IBM

SMC Surface Mounted Componant - composant en Montage de Surface

SMH Société de microélectronique et d'horlogerie

SMIC (Semiconductor Manufacturing International Corporation) Chine

SMU (Southern Methodist University)

SoCs System on Chips

SPOM Self Programmable Only Memory

SRAM- Statique RAM

SSI Small-Scale intégration, intégration à petite échèle

ST – SGS Thomson

Tiers – membre du personnel de TI

TI – Texas Instruments

TIInc – Texas Instruments Incorporated

TID – Texas Instruments Deutchland –Texas Instruments Allemagne

TIF – Texas Instruments France

TII – Texas Instruments Italie

TIL – Texas Instruments Limited – Texas Instruments Angleterre

TIP Team Improvment Program programme d'amélioration par équipe

TISIT – Texas Instruments Semiconducteurs Italie

TO, pour Transistor Outline, contour de transistor

TO 5 boitier de 8,9 mm de diamètre

TO 18 boitier de 4,8 mmm de diamètre

TO 92 boitier plastique

ULSI Ultra Large Scale Intégration, intégration à Ultra grande échèle

UMC (United Microelectronics Corp.) Taiwan

US United States – Etats-Unis

USB Universal Serial Bus - bus universel en série

UV ultra violet

VA Value Analysis –Analyse de la Valeur

VLSI Very Large Scale intégration, intégration à très grande échèle

VRAM Vidéo RAM

86 DOS DOS pour microprocesseur 86

© 2020, François Bus
Édition : BoD – Books on Demand, 12/14 rond-point des
Champs-Élysées, 75008 Paris
Impression : BoD – Books on Demand, Norderstedt,
Allemagne
ISBN : 978-2-322-256853
Dépôt légal : novembre 2020